我的第一本

观星书

李德生 著

Astronomical Observation Guide

SPM 南方传媒
广东科技出版社
全国优秀出版社
·广州·

图书在版编目（CIP）数据

我的第一本观星书. 基础篇 / 李德生著. — 广州：广东科技出版社, 2024. 1
ISBN 978-7-5359-8207-0

Ⅰ. ①我…　Ⅱ. ①李…　Ⅲ. ①天文学—基本知识　Ⅳ. ①P1

中国国家版本馆CIP数据核字（2023）第245748号

我的第一本观星书（基础篇）
Wo de Di-yi Ben Guanxing Shu（Jichu Pian）

出 版 人：严奉强
责任编辑：严　旻
装帧设计：友间文化
责任校对：于强强
责任印制：彭海波
出版发行：广东科技出版社
（广州市环市东路水荫路11号　邮政编码：510075）
销售热线：020-37607413
https: //www.gdstp.com.cn
E-mail：gdkjbw@nfcb.com.cn
经　　销：广东新华发行集团股份有限公司
印　　刷：广州一龙印刷有限公司
（广州市增城区荔新九路43号）
规　　格：889 mm × 1 194 mm　1/16　印张7.75　字数155千
版　　次：2024年1月第1版
2024年1月第1次印刷
定　　价：39.80元

序

随着中国空间站的建成，载人登月任务的启动，祖国的天文事业蓬勃发展，日新月异，遥远的太空不再遥远，神秘的宇宙不再神秘，读天文书，讲星空事，购望远镜，观日月星，成为越来越多普通百姓的生活时尚。

《我的第一本观星书》是一套从天文观测入手揭开神秘天文画卷的书籍，既有观星指引，又有观星技巧，还有观星知识。总共2册，本分册为基础篇，主要讲述天文观测、了解天文、认识望远镜、月球观测、太阳观测方面的天文科普知识。另一分册观测篇，围绕恒星观测、行星观测、卫星流星彗星观测、深空天体观测、星座观测等内容展开描述。全书语言简洁易懂，天文知识齐全，内容循序渐进，是广大天文爱好者畅游神秘宇宙的首选。

作者李德生先生，有着丰富的天文科普写作经验，曾出版过大量的天文科普书籍，并多次获得科技部优秀科普图书奖、省市优秀科普图书奖。他的作品畅销全国，科普特点鲜明，图文并茂，深入浅出，不论男女老幼，一看就懂，一读就会，是陪伴读者畅游太空，探索宇宙的小帮手。

本书是作者专门为初级喜爱天文的读者们量身定做的观测星空、了解宇宙的一本力作，相信对推广天文科普事业大有裨益。作者虽是业余天文科普作家，但对他笔耕不辍，推广天文科普事业的执着精神表示钦佩，特为此书作序！

广东天文学会　潘文彬

2023年10月　广州

宇宙的框架

宇宙
- 本超星系团
  - 其他超星系团
- 本星系团
  - 其他星系团
- 银河系
  - 星系际物质
  - 河外星系
- 太阳系
  - 其他恒星
  - 恒星际物质
- 太阳 — 太阳系中心天体
- 八大卫星系
  - 水星（没有卫星）
  - 金星（没有卫星）
  - 地球与其1颗卫星（月球）
  - 火星与其2颗卫星
  - 木星与其67颗卫星
  - 土星与其62颗卫星
  - 天王星与其27颗卫星
  - 海王星与其14颗卫星
- 矮行星系
  - 谷神星（没有卫星）
  - 冥王星与其5颗卫星
  - 妊神星与其2颗卫星
  - 鸟神星（没有卫星）
  - 阋神星与其1颗卫星
- 行星际物质
  - 彗星（能观测到的约有1 600颗）
  - 小行星带（约50万颗小行星，分布于火星轨道和木星轨道之间）
  - 流星体

目录

Contents

天文观测 /001

了解天文 /013

认识望远镜 /039

太阳观测 /079

附录 /111

天体系统分级

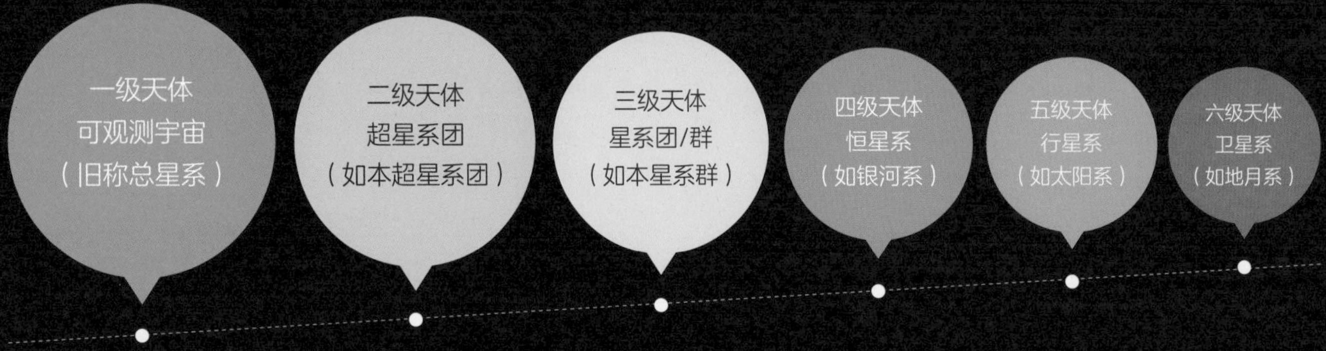

一级天体
可观测宇宙
（旧称总星系）

二级天体
超星系团
（如本超星系团）

三级天体
星系团/群
（如本星系群）

四级天体
恒星系
（如银河系）

五级天体
行星系
（如太阳系）

六级天体
卫星系
（如地月系）

天体种类

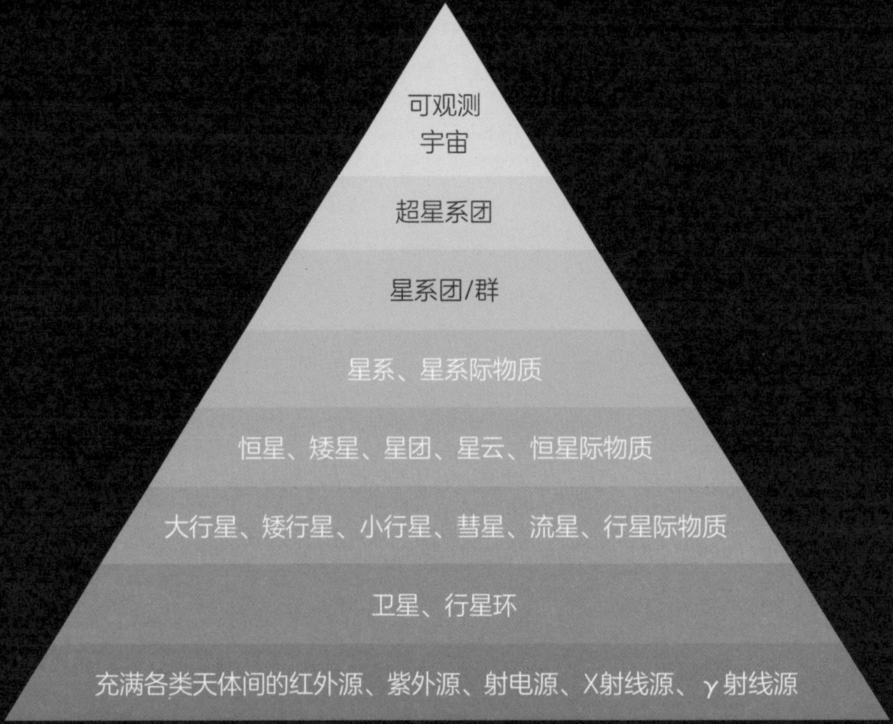

可观测
宇宙

超星系团

星系团/群

星系、星系际物质

恒星、矮星、星团、星云、恒星际物质

大行星、矮行星、小行星、彗星、流星、行星际物质

卫星、行星环

充满各类天体间的红外源、紫外源、射电源、X射线源、γ射线源

天文观测

什么是天文观测？

天文观测是指观测天体的活动。我们日常主要观测的是视面天体及由视面天体演化的各种天象。

什么是天象？

天象是指从地球上观看，发生在地球大气层外的所有天文现象，是由各种天体运转所产生的各种自然现象。

什么是天体？

天体包括视面天体和非视面天体。视面天体主要包括恒星（含太阳）、行星、卫星（含月球）、流星、彗星、星际物质，深空天体的星云、星团、星系等。非视面天体主要有暗能量、暗物质、黑洞、白洞、虫洞，红外源、紫外源、射电源、X射线源、γ射线源等。

天文观测包括哪些内容?

天文观测主要包括恒星（含太阳）、行星、卫星（含月球）、流星、彗星、星际物质，深空天体的星云、星团、星系等视面天体。还包括这些天体演化出来的下列天象：

- 日食　含日全食、日环食、日偏食、全环食。
- 月食　含月全食、月偏食、半影月食。
- 星食　卫星食。
- 位相　含月相、内行星星亏、外行星星亏。
- 顺逆行　含行星顺行、行星逆行。
- 留　含行星顺留、行星逆留。
- 连珠　指三到八颗行星连珠。
- 流星　含流星雨、火流星。
- 彗星　含彗头、彗尾。
- 合　指合、上合、下合、内合、外合。
- 冲　含冲、大冲。
- 凌　含行星凌日、卫星凌行星、卫影凌行星。
- 掩　含月掩行星、月掩恒星、行星掩恒星。
- 伴或合　指行星或恒星伴或合月、行星伴或合恒星。
- 大距　指内行星东大距、内行星西大距。
- 方照　指外行星东方照、外行星西方照。
- 天光　指黄道光、对日照、地影等。

天文观测有哪些方式？

天文观测方式主要包括肉眼观测和利用各类天文设备的观测。普通天文爱好者使用的观测设备主要是指光学天文望远镜，用以观测视面天体。而专业天文观测除了观测视面天体，还通过射电源、红外源、紫外源等设备观测和探测非视面天体。

肉眼观测

肉眼观测就是用肉眼观测星空天体的活动。除了大视面的太阳和月亮及其演化的天象外，肉眼可以看到约7 000颗星星，这些星星中，除了水星、金星、火星、木星、土星和偶尔出现的彗星、流星外，其他都是恒星和极少数的深空天体。肉眼观测是掌握和使用设备观测的基础。

中国贵州天眼

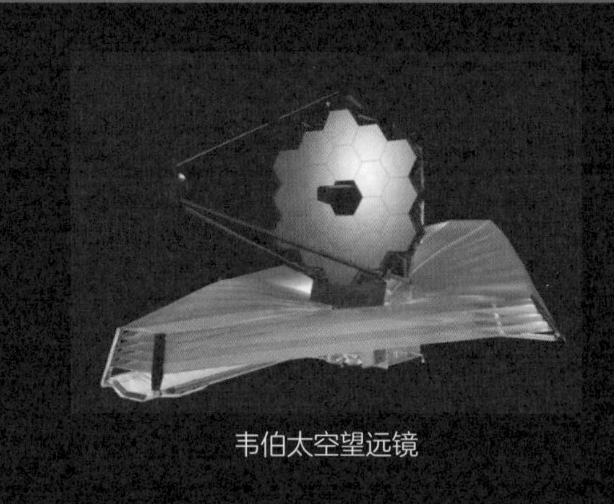

韦伯太空望远镜

专用设备观测

专用设备，是指观测可见光的光学天文望远镜，以及观测不可见光的特殊天文设备。随着科技的发展，天文设备日新月异，天文望远镜从小口径发展到大口径，从地面观测发展到外太空观测，从可见光观测发展到不可见光观测，人类探索宇宙的脚步从没有停歇，所观测的宇宙越来越广，越来越深。

哈勃太空望远镜

肉眼能够看到多少颗星星？

天上的星星密密麻麻，人的肉眼在同一时刻只能看到全天一半的星星，即便在周日视运动中看到的全天星星也只有7 154颗，借助望远镜可观测到数十亿颗星星，随着光学技术的发展，还会观测到更多更暗的星星。在光污染和空气污染严重的城镇，只能看到几十颗甚至几颗星星。肉眼能够看到的6等星以上的星星数量如下：

-1等星	1颗	0等星	4颗	1等星	15颗	2等星	48颗
3等星	171颗	4等星	513颗	5等星	1 602颗	6等星	4 800颗

望远镜能够看到多少颗星星？

人的肉眼借助天文望远镜可观测到近40亿颗星星。最暗的星星可以看到21等星，总计数量如下：

7等星	10 000颗
8等星	32 000颗
9等星	97 000颗
10等星	270 000颗
11等星	700 000颗
12等星	1 800 000颗
13等星	5 100 000颗
14等星	12 000 000颗
15等星	27 000 000颗
16等星	55 000 000颗
17等星	120 000 000颗
18等星	240 000 000颗
19等星	510 000 000颗
20等星	945 000 000颗
21等星	1 890 000 000颗

肉眼能够看到什么天体？

肉眼能够看到的天体主要有恒星、大行星、卫星、彗星、流星及部分深空的星系、星团、星云等视面天体。

肉眼借助望远镜能够看到什么天体？

借助望远镜，人类可以看到更多更远的视面天体，包括恒星、大行星、矮行星、小行星、卫星、彗星、流星，星系、星团、星云等深空天体及一些星际物质。

望远镜看到的天体都是彩色的吗？

借助望远镜，人类看到的天体，除了大行星、部分卫星、彗星、个别恒星有一定程度的色彩外，其他天体，尤其是深空天体（如星系、星团、星云等）都只能看到暗淡的灰白色。其实，深空天体一样有丰富的色彩，只是因为深空天体太过遥远，光度十分暗淡，人眼不能有效地识别暗弱物体的颜色。我们看到的五彩缤纷的深空天体照片，存在以下两种可能：

一是利用红绿蓝通道拍摄合成的照片或彩色相机直接拍摄的照片，都是深空天体的真实颜色。

二是改变波段拍摄生成的不真实色彩的照片。

如何识别不同的天体?

仰望星空，星光闪烁，在没有参照物，观测环境多变等条件下，会造成识别误会。经常听说有人把金星识别成飞行物，把飞机尾气识别为UFO（飞碟）。

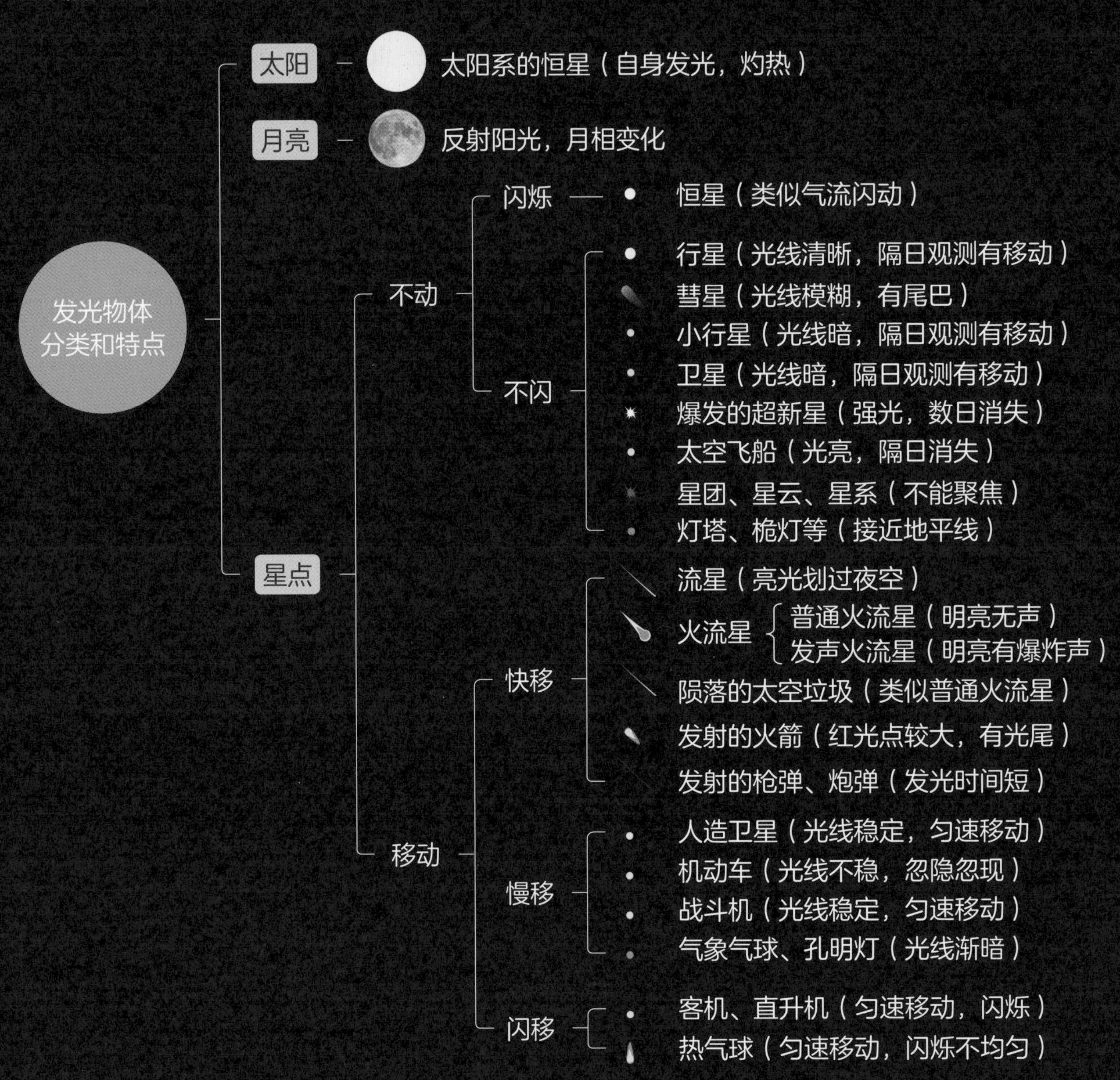

¤ **位置识别** 行星一定出现在黄道带内，但要区别位于黄道带的其他亮星。首先要找到黄道带，黄道就是白天太阳东升西落走过的轨迹，或使用星图了解黄道在夜空的位置。

¤ **亮度识别** 除天王星和海王星外，行星在大多数情况下都比夜空中最亮的天狼星更亮。

¤ **光度识别** 行星在同样的大气条件下，光线比一般恒星稳定而不闪烁。

¤ **颜色识别** 行星比恒星的颜色强烈，金星为橙色，火星为红色，木星为棕黄色，土星为银黄色，天王星和海王星呈绿蓝色。

¤ **移动识别** 行星的位置每天会在恒星的背景下移动变化，而恒星看不出变化。

¤ **视面识别** 用望远镜可见行星的相位变化，甚至看到表面的细节，而恒星只是亮点。

¤ **光线识别** 用望远镜可见行星光线散焦则变得模糊，而恒星光线散焦出现同心环；遇到无法聚焦的发光体，可能是星团、星云或星系。

¤ **软件识别** 用智能寻星笔、智能寻星望远镜，或用星空软件等直接在星空中寻找识别。

抬头能看到多大的星空？

在地球上的任何时间、任何地点，观测者抬头都可以看到地平线以上的星空，即可以看到整个星空的一半，地平线以下的另一半星空看不到。

人类能够看到整个星空吗？

人类是可以观测到整个星空的，因为地球是自转的，天上的星星随着观测时间的不同，也会运动，但又因为观测者所处的地理位置不同，导致观测的星空范围有所不同。

能不能看全整个星空，或能够看到多大的星空，是由观测者所在的纬度决定的。例如，在北半球、南半球、北极点、赤道上、南极点不同纬度的观测，所看到的星空范围也是不同的。

不同纬度观测的星空大小

北半球观测 地平圈在周日视运动中的轨迹带内为升没星。轨迹带以北为恒显星，以南为恒隐星。

南半球观测 地平圈在周日视运动中的轨迹带内为升没星。轨迹带以南为恒显星，以北为恒隐星。

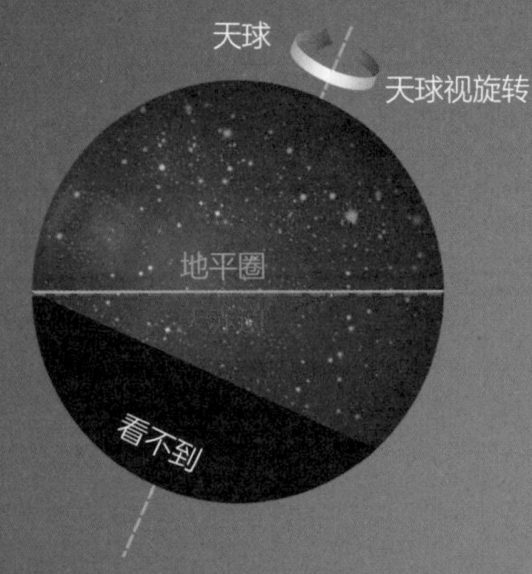

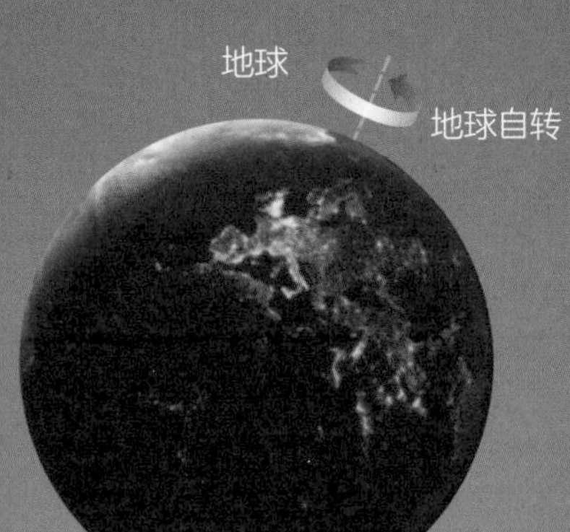

北极点观测 地平圈与天赤道重合，在周日视运动中只能看到北半天球星空与地平圈平行运动的星。

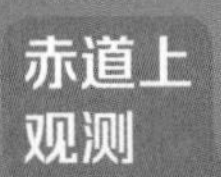

赤道上观测 地平圈与赤经圈重合，在周日视运动中能够看到整个星空，除南北极星外均为升没星。

南极点观测 地平圈与天赤道重合，在周日视运动中只能看到南半天球星空与地平圈平行运动的星。

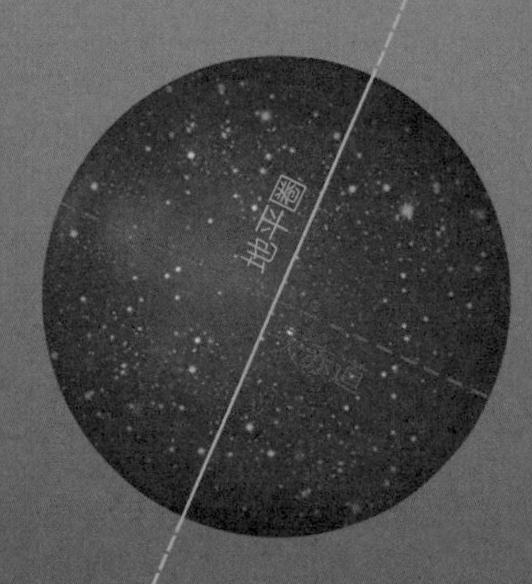

肉眼能够观测多远的星星？

肉眼能够观测到黑暗背景中的光点，如果光点的光度能够到达人的肉眼而被感应，则无论多远的光点肉眼都可以观测到。肉眼看不到的星星，是由于距离地球太过遥远，有的甚至达到上百亿光年，其光度远远达不到地球。

肉眼观测到最远和最近的天体

目前肉眼观测到的最远天体是三角座星系，距离地球约292万光年；仙女座星系次之，约245万光年。人类看到的最近的大型天体是月球，距离地球最近时只有356 700千米。

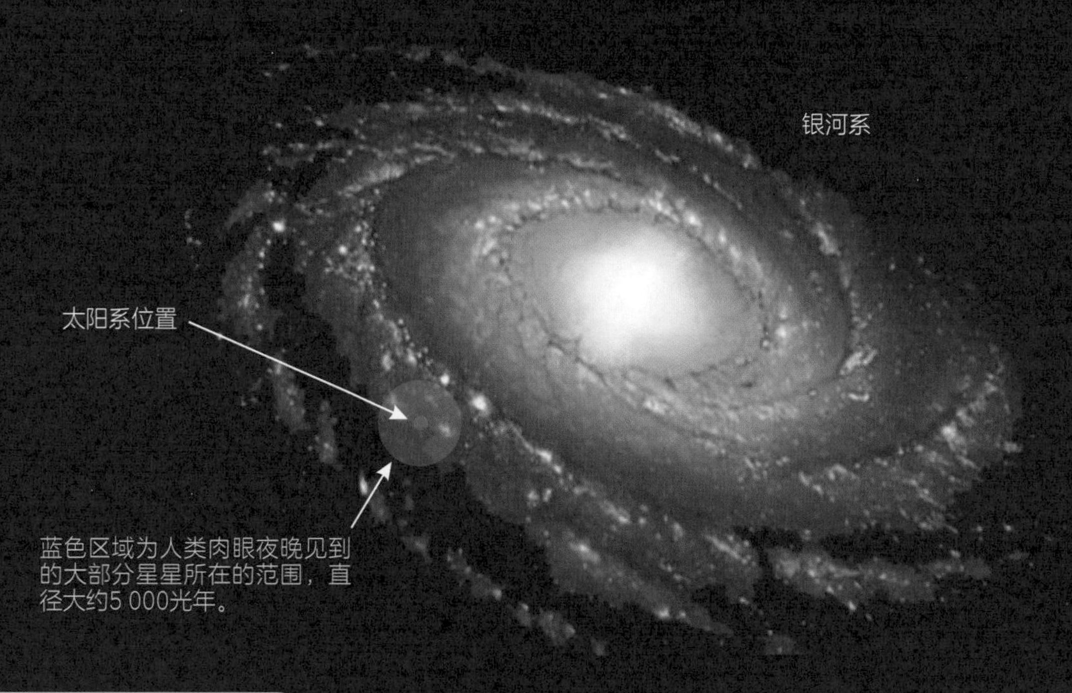

肉眼看到的天体位置

肉眼所看到的星星大约7 000颗，其中绝大多数是类似太阳的恒星，这些天体绝大部分在银河系里，又是距离太阳系较近的恒星，方圆不过数千光年，只有极小部分来自银河系外。

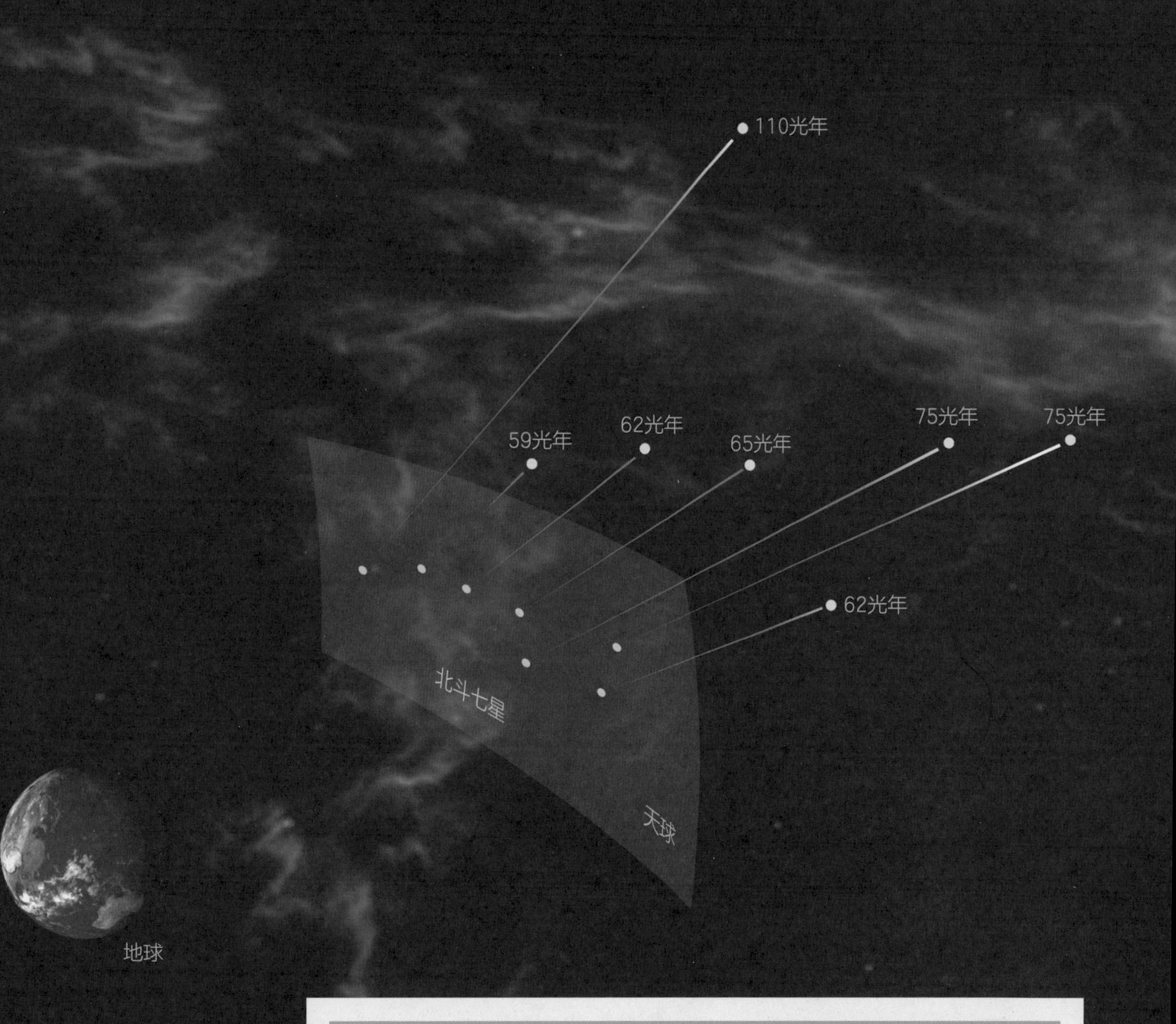

星星到地球的距离都相同吗?

构成星座图案的恒星看上去是在一个平面上，而事实上它们是立体分布的，与地球的距离通常各不相同，彼此之间也没有实体的关联。例如，大家熟悉的勺子形状的北斗七星，七颗星距离地球有远有近，不在一个平面上，近的只有59光年，远的可达110光年。

如何准备天文观测?

地点选择

选择开阔的场地，使能看到的天区最大化，要保证自己计划观测的天象内容不受影响；日全食和日环食观测，还要根据预告选择日食带观测。

时间选择

普通天象要在四季星空中选择观测，尤其是某些著名的南天星象，上中天时间段比较短；特殊天象，如行星、卫星、彗星、日食等，要选择最佳时间段；如果是观测天体运行，还要在同一地点同一时间，观测数日。

环境选择

尽量避开光污染，以免影响观测效果；避开空气污染的地方，以免影响望远镜贯穿效果；还要避开气流的影响，草地好过土地，土地好过水泥地；野外观测，无论春夏秋冬，都相对寒凉，携带好防寒衣物、防水器具，冬季观测还要做好望远镜除雾准备。

设备准备

利用望远镜观测，是天文观测的最重要手段，准备一架适合自己观测内容的望远镜、一个能防风的三脚架、一个红光手电、必备的应急物品等。

知识准备

了解星空，掌握天体运行的最基本常识，可通过纸质星图、天文软件等提前学习，并在观测中对比参考。

寻星准备

初学者，对满天的星星相对陌生，要找到自己想要找到的目标不那么容易，除了熟悉星图外，还可以利用星图软件、智能寻星笔、智能寻星望远镜寻找观测目标。

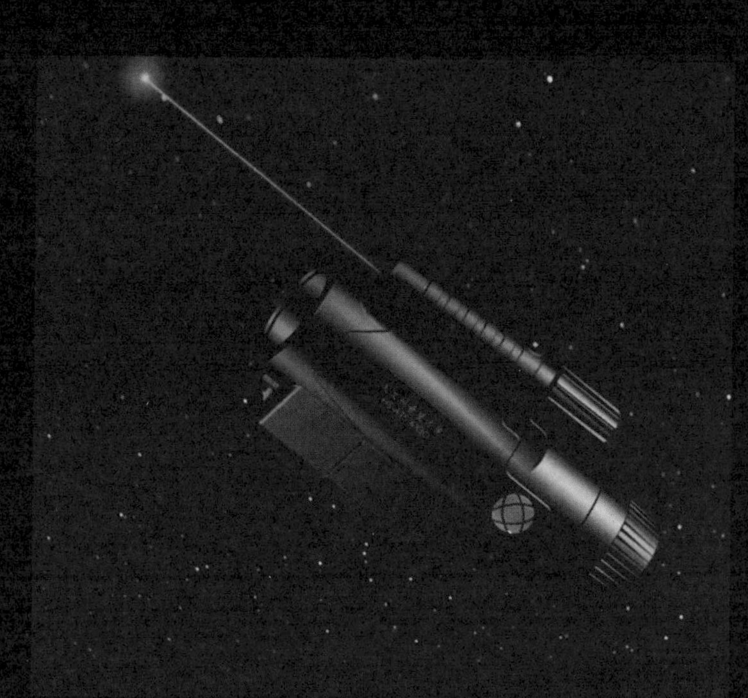

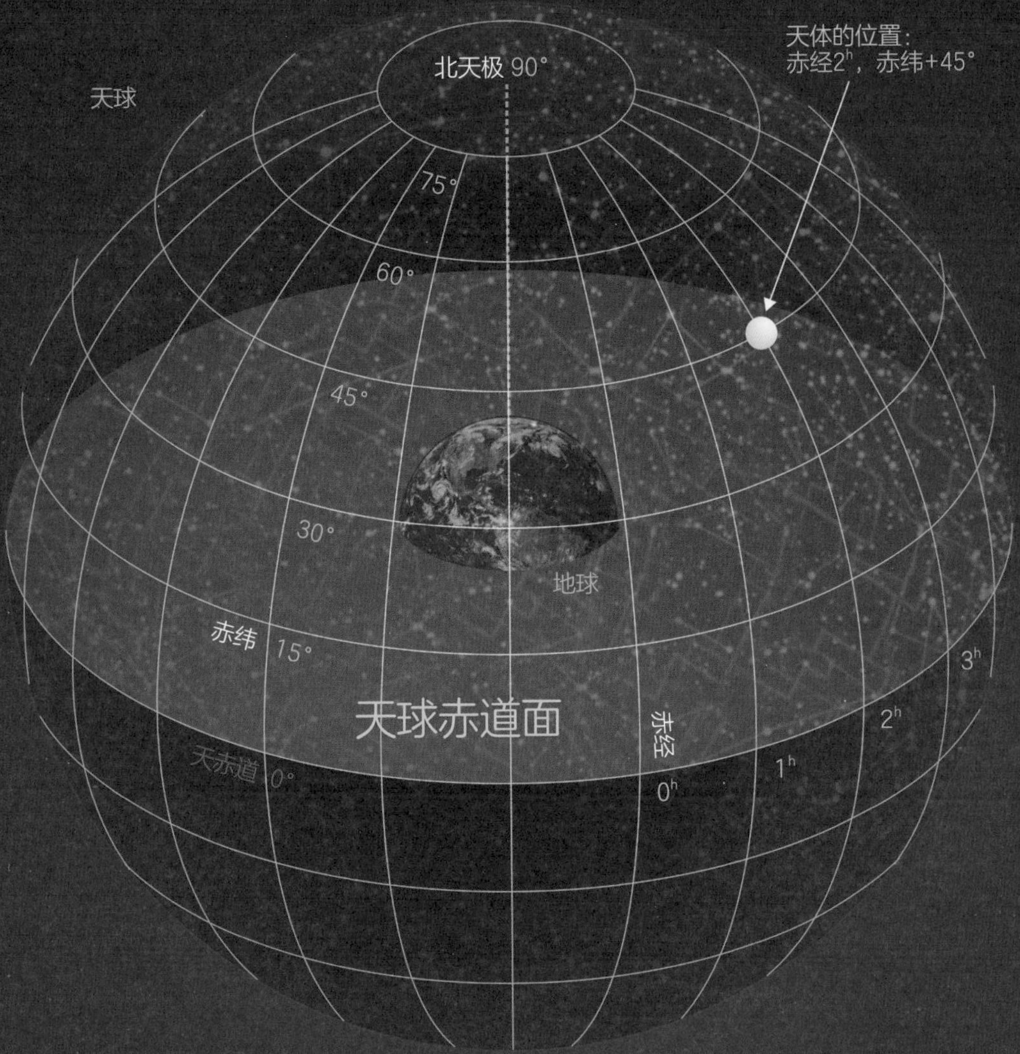

天球

天球是以观测者为中心的布满星星的假想球。天球大到涵盖整个宇宙天体的天球，小到只有月球的天球。采用赤道坐标系的天球，标有赤经和赤纬，用来描述天体的位置。

赤经

赤经相当于地球的经线，常采用时（h）、分（m）、秒（s）计量，起始点是黄道与赤道的升交点，为0^h，逆时针方向绕天球赤道一圈为24^h。

赤纬

赤纬相当于地球的纬线，采用度（°）、分（′）、秒（″）计量，天赤道为0°，到北天极为+90°， 到南天极为-90°。

天体上中天

每天日月星辰东升西落，星体上升到最高点时，即地平高度最高时，为天体上中天。

天体的周日视运动

日月星辰天体东升西落，日复一日有规律地出现，叫天体的周日视运动。这是由于地球每天自西向东自转一周所产生的视觉表象。

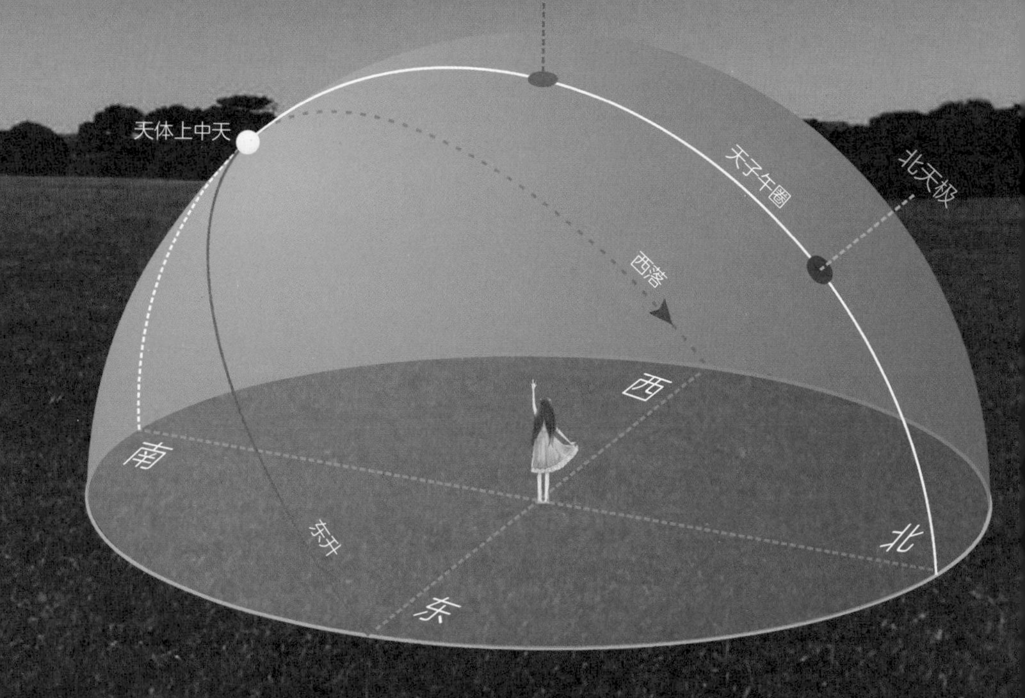

恒显圈

恒显圈是指在天球上，北极距等于观测地纬度的赤纬圈。换言之，北半球的观测者，以北天极为中心，以观测地的纬度为半径，在天球上画的圈。这个圈内的天体永远在地平面上，叫恒显圈，圈内的星星叫恒显星，也叫拱极星。观测者所在的纬度越高，恒显圈越大。

恒隐圈

对于北半球同一个地方，天球上南极距等于该地纬度的赤纬圈也是一个小圈，这个小圈内的星星永远在地平面以下而观测不到，这个圈叫恒隐圈。

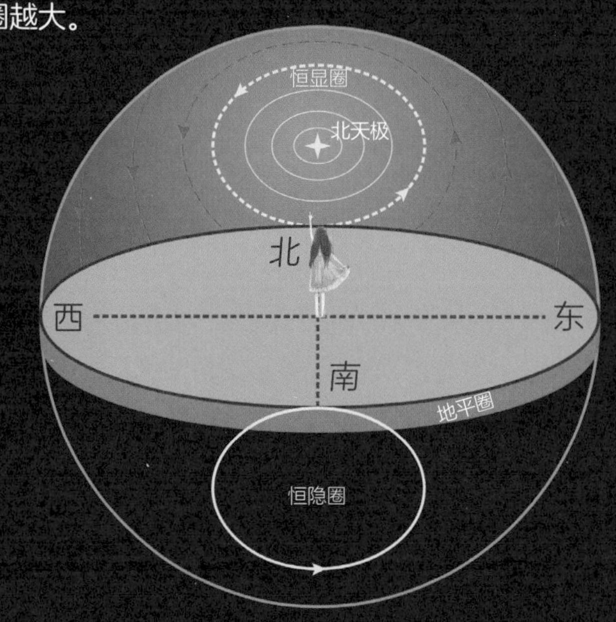

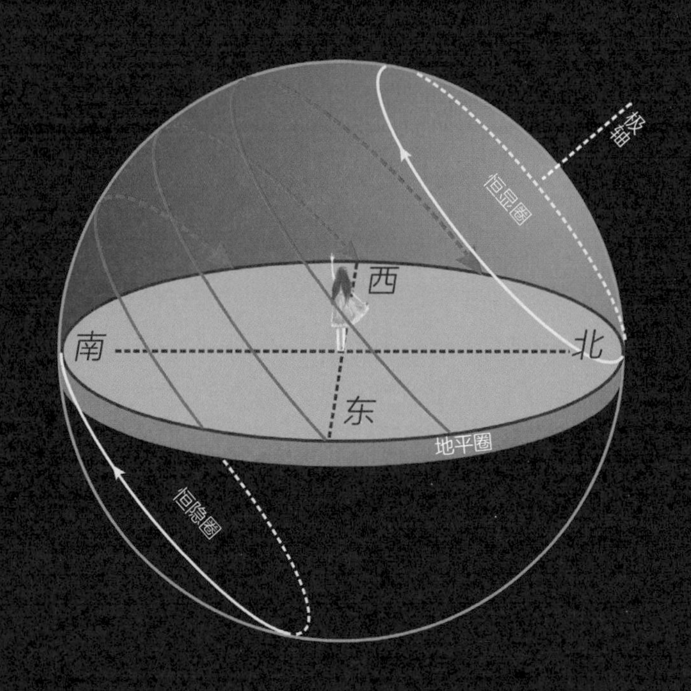

特殊的恒显圈和恒隐圈

在极点上观测，一半的星星平行于地平圈运动，永不升落；另一半星星永远看不到，即有最大的恒显圈或恒隐圈。在赤道上观测，所有星星都东升西落，没有恒显圈、恒隐圈和拱极星。

升没星

在周日视运动过程中，天赤道附近的恒星，不在恒显圈和恒隐圈之内，东升地平线上，西落地平线下，这些星叫升没星。

黄赤交角

黄赤交角是指天球的黄道面与天球赤道面的交角。天球黄道面：是指地球公转的轨道平面的无限延伸。天球赤道面：是地球赤道面的无限延伸，与地球赤道面的夹角为0° 。因此，天球黄道面与天球赤道面的交角也是23° 26′。

黄赤交角也变化吗？

由于地球的章动，黄赤交角最大的变幅为9″，周期为18.6年。另外，在太阳系内行星引力的作用下，黄道面的位置发生变化，使黄赤交角有一个长期的变化。目前黄赤交角每百年约减47″ 。

回归线会移动吗？

回归线是指天球上赤道南北各23° 26′ 的两个赤纬圈，即太阳所能到达的两个极限位置，夏至日太阳到达北回归线后即转向南去；冬至日太阳到达南回归线后即转向北去。由于黄赤交角有变化，南北回归线也会随之变化的。

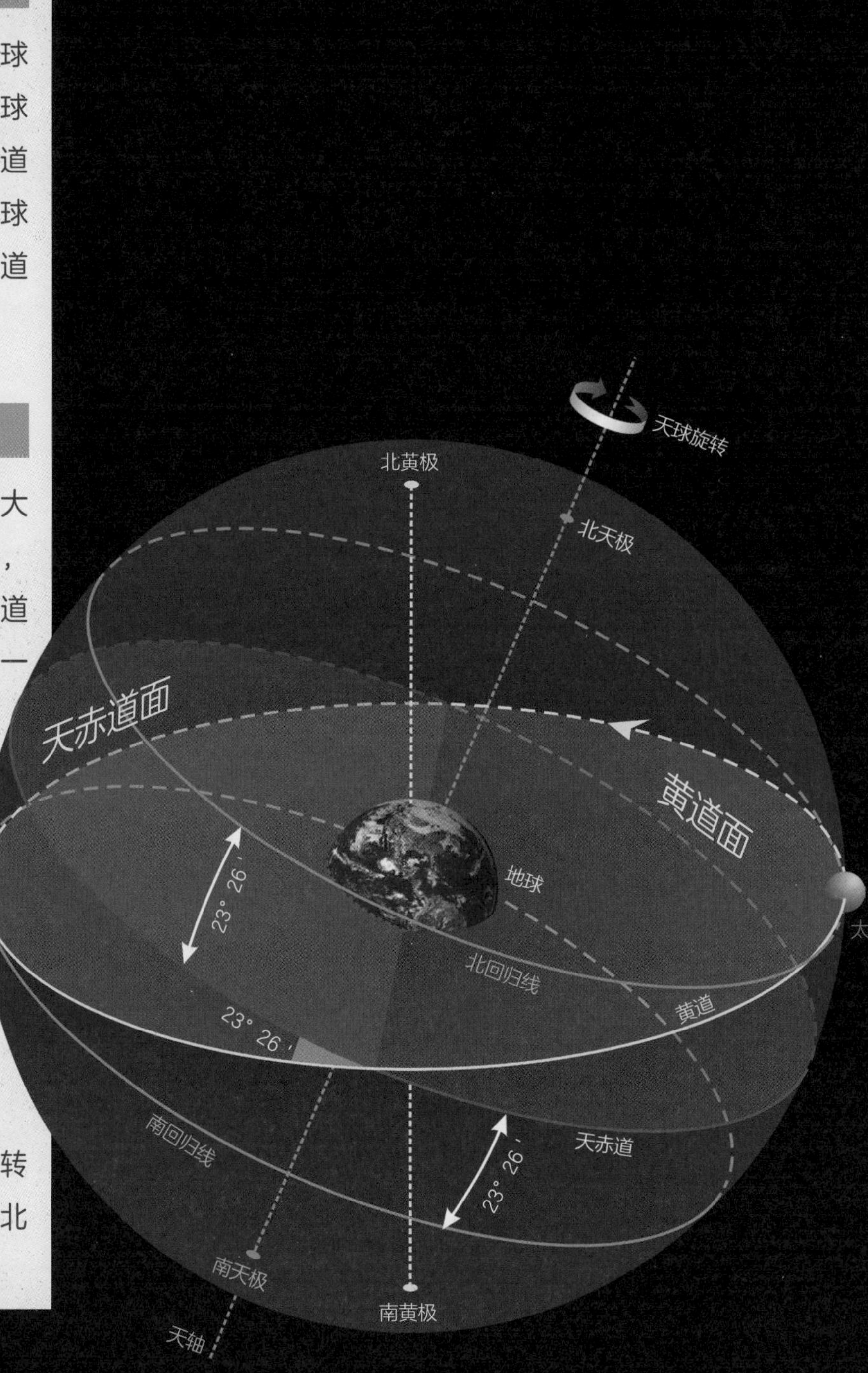

黄道带

黄道带是指天球上黄道南北两边各9°宽的环形区域，该环形区域涵盖了太阳系内八大行星与多数小行星所运行的区域。

公元前5世纪，古巴比伦人首先使用了黄道带这一概念。他们把整个天空想象成一个布满星体的大球，类似今天的天球，黄道是太阳在大球上运动的轨迹，黄道两侧的区域就是黄道带。

古巴比伦人把黄道带分为十二个区域，这就是黄道十二宫。

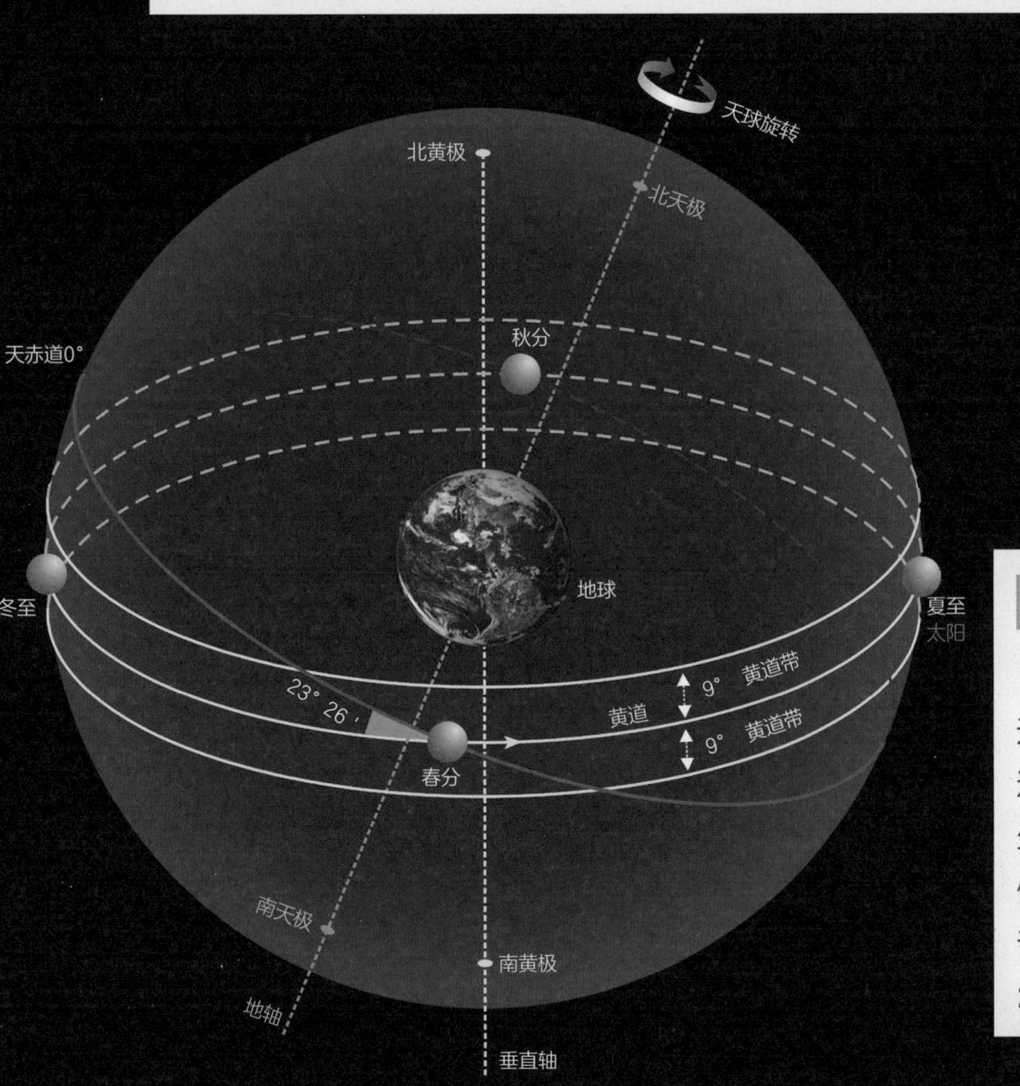

黄道区

黄道区与黄道带不同，天球上南北回归线之间为黄道区，由于岁差的作用，发生春分点西移现象，使得倾角23° 26′ 的黄道面在该区逆时针旋转，周期为25 786年。

天文长度单位有哪些？

天文长度单位有千米、天文单位、光年、秒差距等，分别适用近距离天体和远距离天体。

光年

光年是光在真空中一年内走过的距离，为94 605亿千米，适合测量太阳系外较远的天体。

光速是每秒300 000千米。

天文单位

地球到太阳的距离为1天文单位，固定值为149 597 870千米，适合测量太阳系内天体的距离。

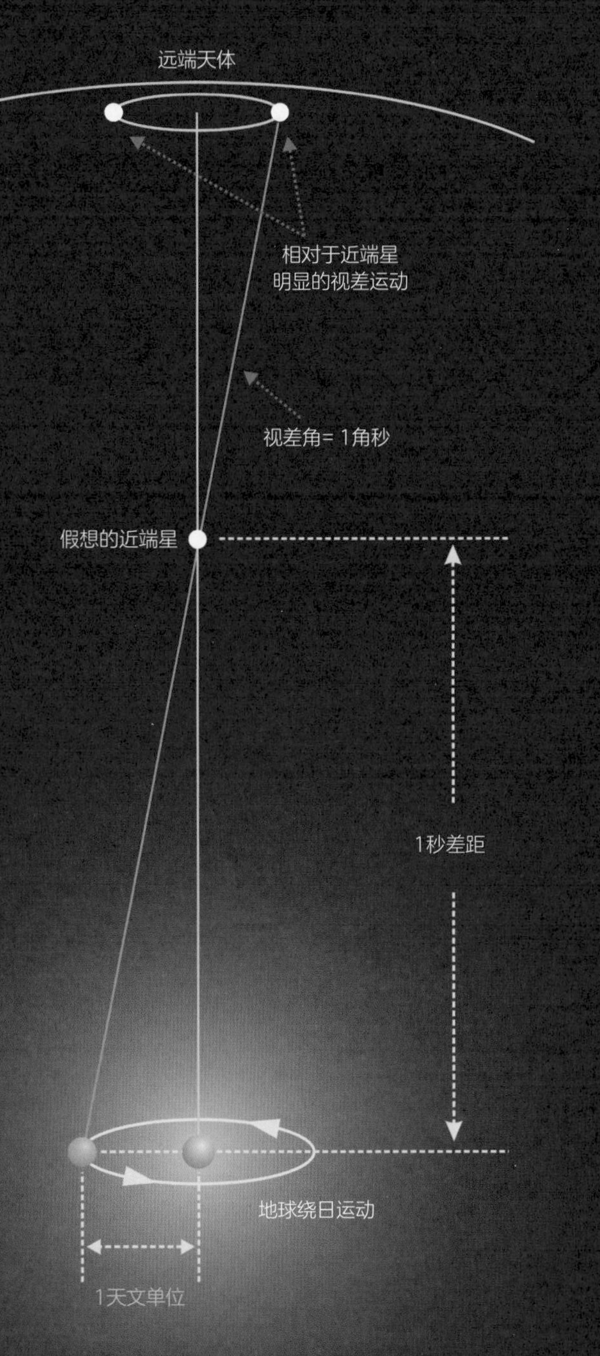

秒差距

以地球公转轨道的平均半径（1天文单位）为底边所对应的三角形内角称为视差。当这个角的大小为1"时，这个三角形的一条边的长度（地球到这个恒星的距离）就称为1秒差距，即天体的周年视差为1"时，它离我们的距离为1秒差距。

秒差距是周年视差的倒数，当天体的周年视差为0.1"时，它的距离为10秒差距，当天体的周年视差为0.01"时，它的距离便为100秒差距，以此类推。

秒差距用来测量更遥远的天体距离，在测量更遥远的星系时，常以千秒差距和百万秒差距为单位。

秒差距与天文单位、光年

秒差距是测量遥远天体距离的最大单位，是光年的3倍多。

1天文单位≈149 597 870千米

1光年≈94 605亿千米

1光年≈63 240天文单位

1秒差距≈3.261 5光年

1秒差距≈206 264.806 2天文单位

1秒差距≈30.856 0万亿千米

如何测量天体的距离？

天体距离的测量方法，主要有三角测量法、三角视差法、变星测距法、红移法等等。

太阳系内天体距离的测量

针对太阳系内较近天体距离的测量，采用三角测量法，即测定月球、行星的周日地平视差，可测得它们到地球的距离。

此外还有现代的方法，如雷达测距法和激光测距法等。

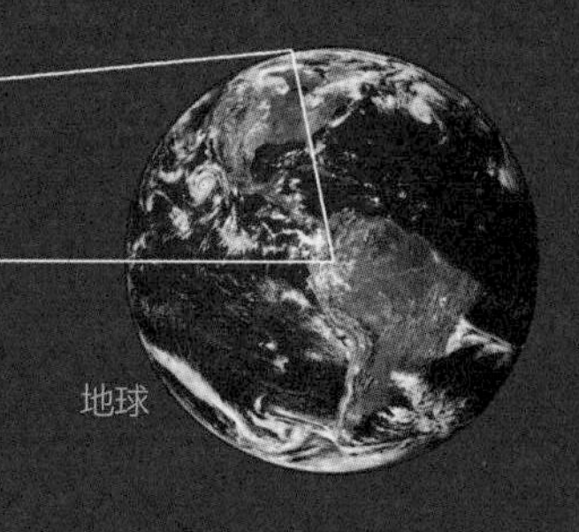

太阳系外较近天体的测量

针对太阳系外较近天体距离的测量，采用三角视差法。天体的视差与天体到观测者的距离之间存在着简单的三角关系，利用这种三角关系做天体的视差测量叫三角视差法。即把日地距离作为一个天文单位，所以只要测出恒星的周年视差，那么它们与地球的距离也就确定了。

测量天体视差是确定天体之间距离最基本的方法。如果恒星的周年视差是1角秒，那么它就距离地球1秒差距。三角视差法可以精确地测量数千秒差距内的天体，再远的天体就无法准确测量了。

此外，也采用分光视差法，即通过分析恒星谱线以测定恒星距离的方法。还有星际视差法、威尔逊-巴普法、力学视差法、星群视差法、统计视差法和自转视差法等。

太阳系外较远天体的测量

针对太阳系外较远天体距离的测量，主要有造父变星和天琴RR型变星测距法（标准烛光），角直径测量法，主星序重叠法，新星、超新星、亮星、累积星等法和谱线红移法（哈勃定律）等。

光线会弯曲吗？

人类能够观测到大质量天体背后的星体，证明了光线是可以弯曲的。这是因为大质量天体存在引力透镜效应，使得大质量天体背后的星体发出的光线发生了弯曲而到达了地球，即星体的光线“绕过”了大质量天体到达了地球。

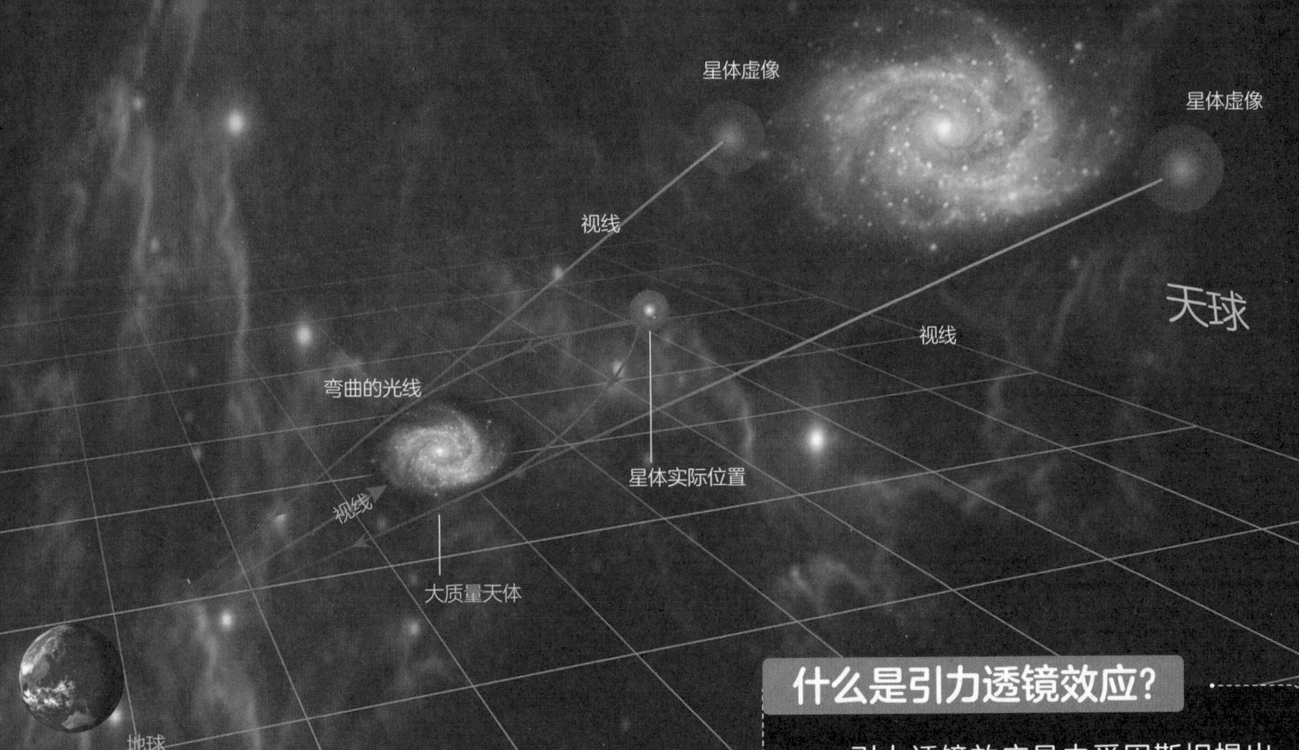

什么是引力透镜效应？

引力透镜效应是由爱因斯坦提出的，即时空在大质量天体附近会发生畸变，导致光线在附近经过时发生弯曲。

什么是视向速度？

视向速度是指天体相对于观测者的速度在视线方向的投影，亦称径向速度。根据多普勒效应，视向速度分为正和负，即红移和蓝移。

什么是红移？

当天体远离观测者时，光谱线向波长较长的红端的位移，波长变长、频率降低，称为红移。光源越远，红移值越大，任何电磁辐射的波长增加都可称为红移。

什么是蓝移？

当天体靠近观测者时，光谱线向波长较短的蓝端的位移，波长变短、频率增高，称为蓝移。光源越远，蓝移值越大，任何电磁辐射的波长变短都可称为蓝移。

如何表示天体的距离和视大小？

天体的距离是用角距表示的，千米、天文单位甚至光年也多因宇宙庞大而难以表述。天体的视大小、地平高度也是用角距表示的。

北斗七星长度角距

24°

什么是天体的角距？

天体的角距是表示天体之间距离的单位，即两个天体在观测者眼里所张的角度。

什么是星空量天尺？

在茫茫星空，判断天体之间的距离是比较困难的，所幸我们伸出去的手指手掌有大约的角距值，可以方便地作为量测角距的工具，虽然不那么精确，但对指星、认星帮助很大。

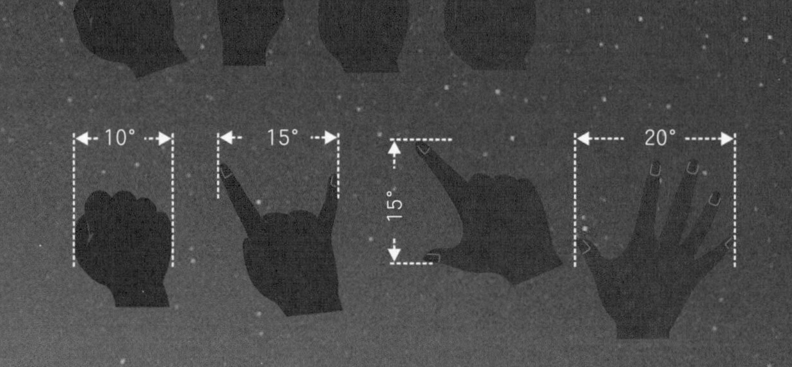

什么是视差？

视差是从有一定距离的两个点上观察同一个目标所产生的方向差异。从目标看两个点之间的夹角，叫这两个点的视差角，两点之间的连线称作基线。只要知道视差角度值和基线长度，就可以计算出目标和观测者之间的距离。天体的视差越大，距离越近；视差越小，距离越远。

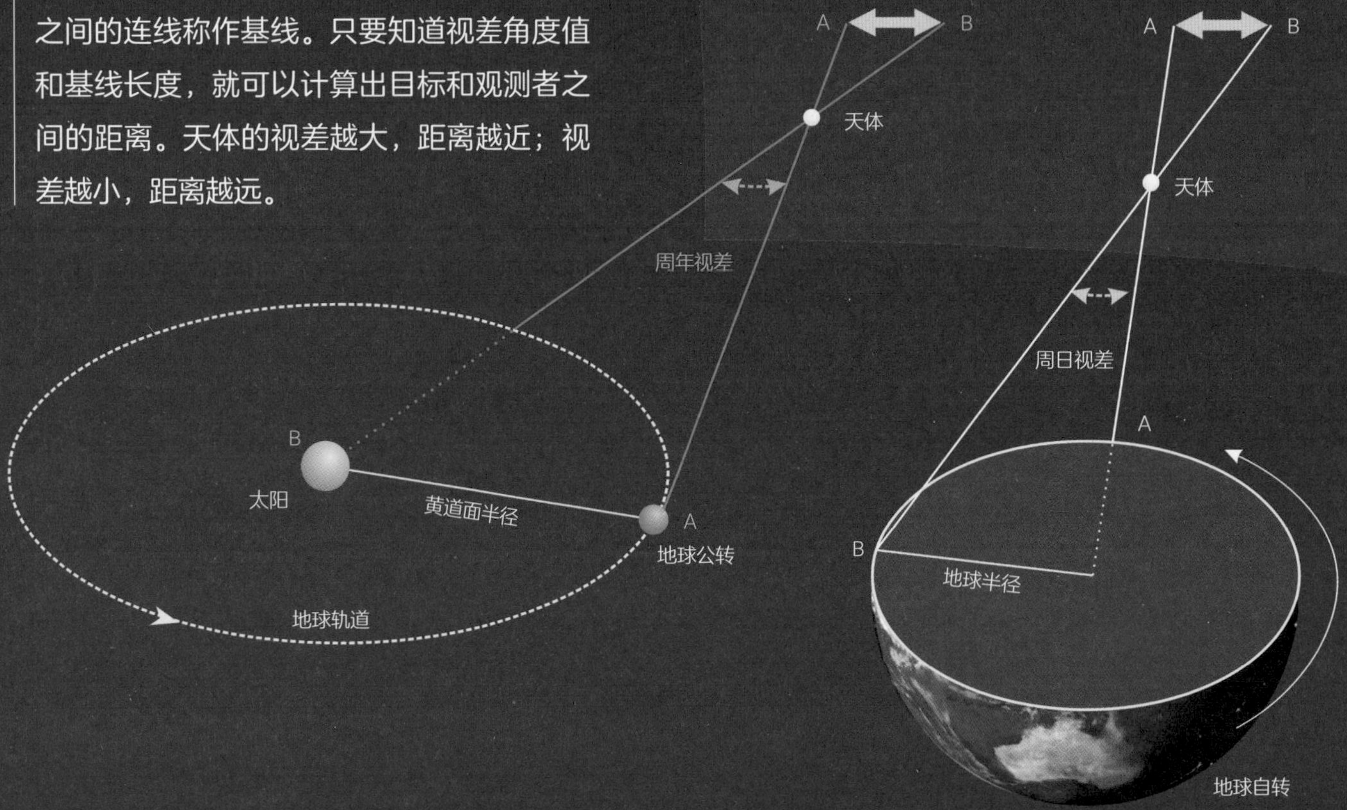

什么是周日视差？

周日视差是指地球自转或天体周日视运动所产生的视差。在测定太阳系内一些天体的视差时，以地球的半径作为基线，所测定的视差称为周日视差。

什么是周年视差？

周年视差是地球绕太阳周年运动所产生的视差，即地球和太阳间的距离在恒星处的张角。地球的公转使得观测者发生位移，使得恒星在天球上的位置发生改变，产生了周年视差。在测定恒星的视差时，以地球和太阳之间的平均距离作为基线。

左右眼视差

闭上左眼，伸出一根手指用右眼指向一颗星星，然后闭上右眼，用左眼看这个物体，会发现手指的位置有了变化，这就是左、右眼分别看同一物体的视差。

什么是纬度视差?

纬度视差就是观测者所处的纬度不同而产生的观测视差。太阳东升西落，站在北半球要面向南观看太阳，左手边升起，右手边落下；而站在南半球要面向北观看太阳，右手边升起，左手边落下，南北半球相反。

日食观测视差

对于北半球的观测者来说，发生日食时，月面是从右边切入太阳的；而对于南半球的观测者来说，月面则是从左边切入太阳的。月食、行星凌日的现象类似，也是南北半球的视差方向相反。

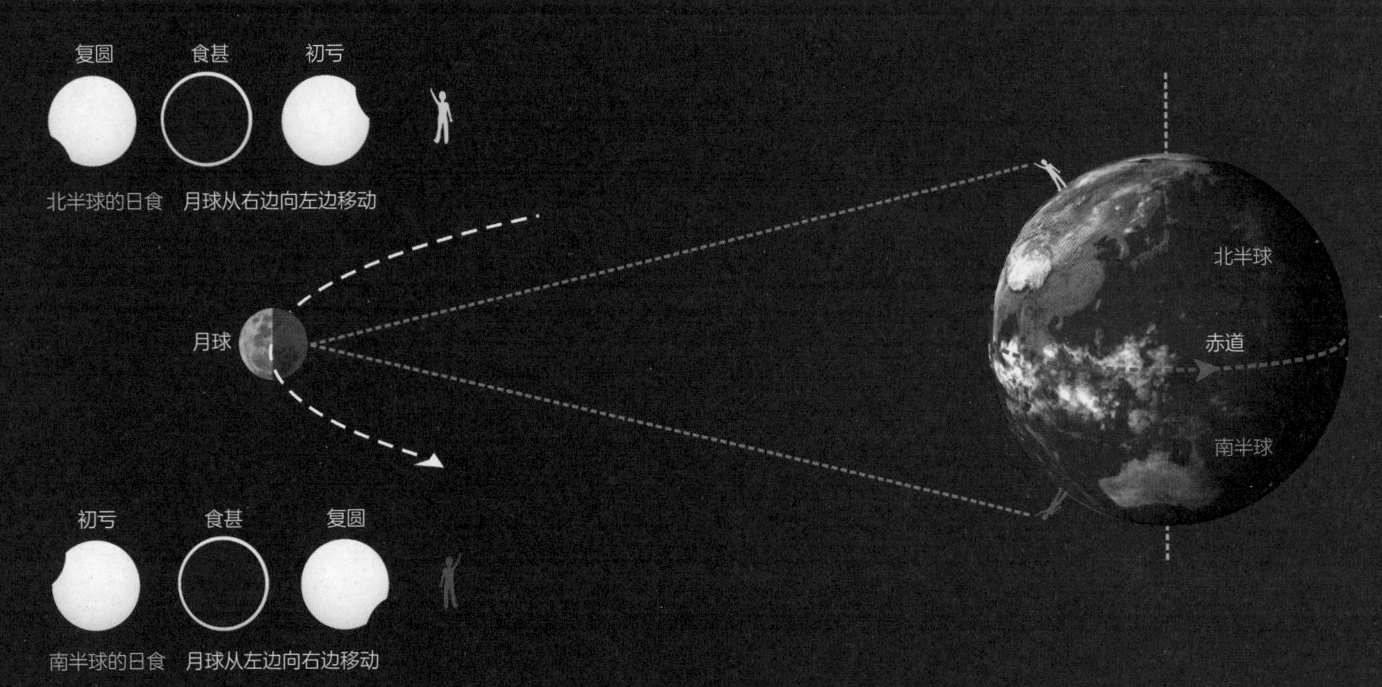

恒星的赫罗图

恒星的赫罗图是指由丹麦天文学家赫茨普龙和美国天文学家罗素二人分别发现的恒星的光谱型与光度之间的关系图，故以二人的名字命名，被称为赫罗图。该图成为研究恒星演化的重要参考工具。

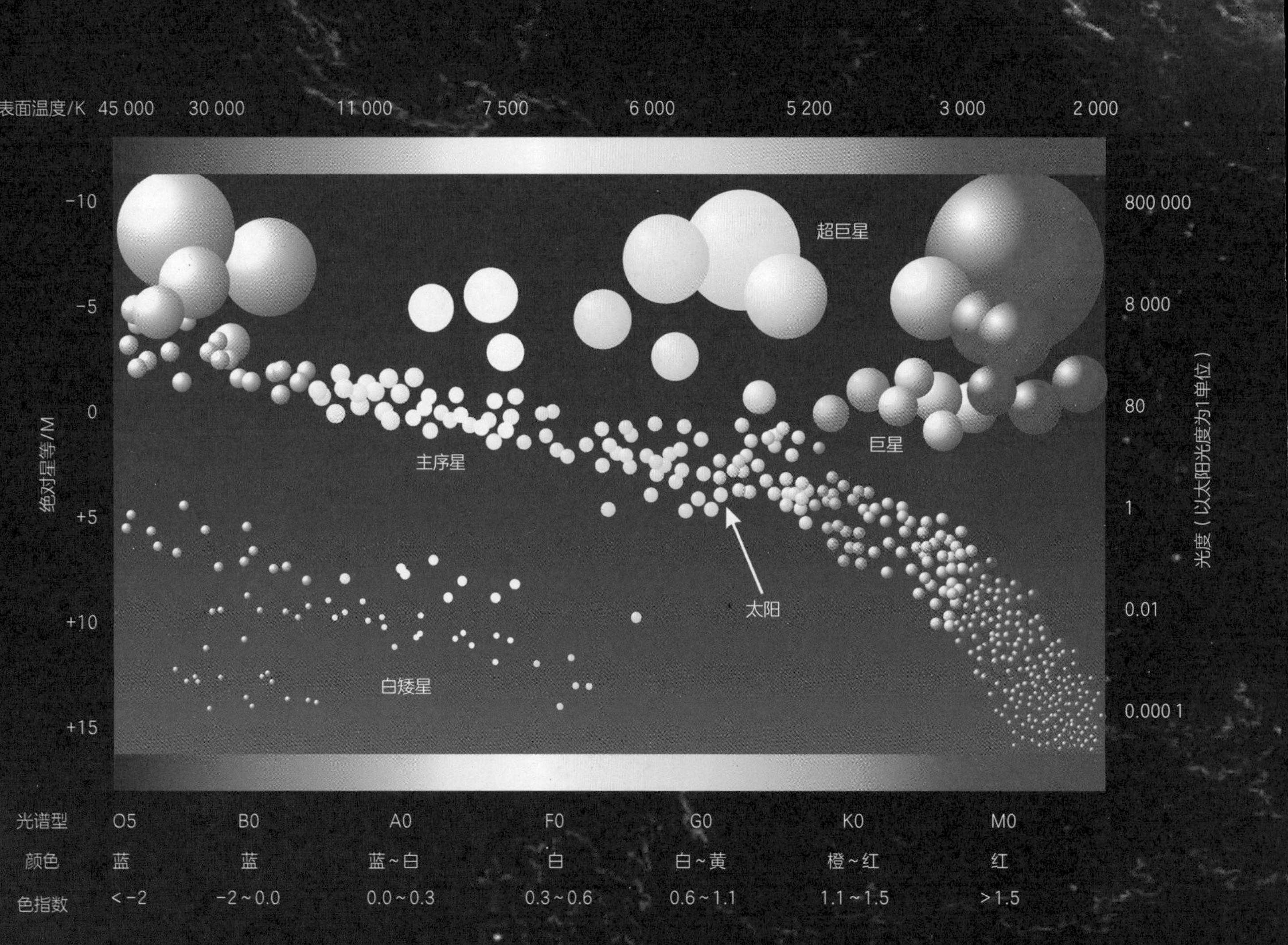

电磁波谱

以任何一种形式展示电磁辐射强度与波长之间的关系，叫作电磁波谱。

可见光

可见光是电磁波谱中可被肉眼感应到的那一部分电磁波。

光的色散

光的色散是指复色光分解为单色光而形成光谱的现象。牛顿最先利用棱镜片观察到光的色散，把白光分解为彩色光带（光谱）。

由于棱镜对各种频率的光具有不同的折射率、不同的偏折，因而光在穿过棱镜后形成光谱，产生自红到紫循环排列的彩色连续光谱。

红光频率最低，偏折最少，在光谱中处在顶端；紫光的频率最高，折率最大，在光谱中排在底端。

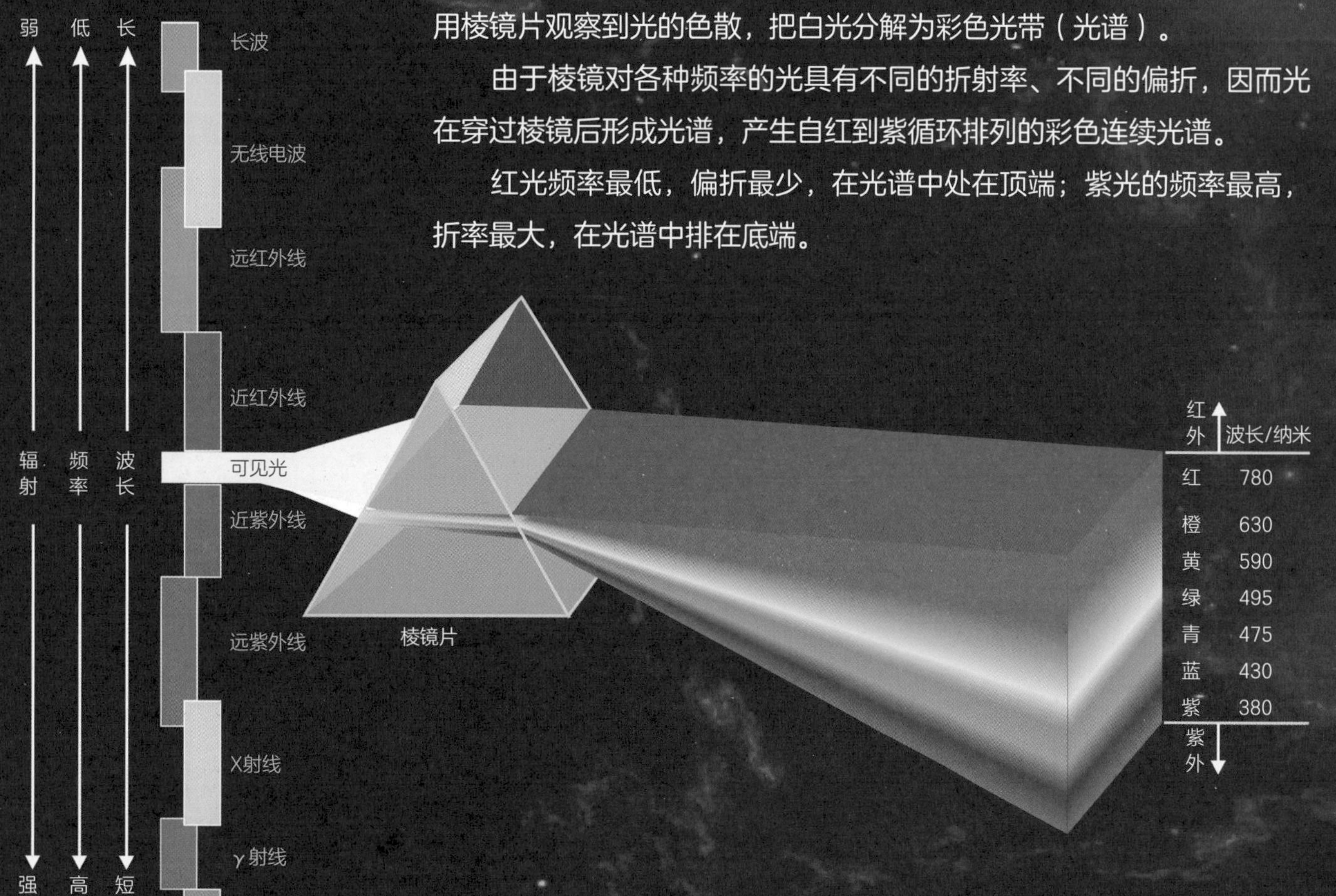

宇宙是由什么组成的?

宇宙是由暗能量、暗物质和少量原子组成的。天文学家通过研究表明：宇宙可能由约68.3%的暗能量、26.8%的暗物质、4.07%的游离氢和氦元素、0.5%的恒星物质、0.3%的重元素、0.03%的中微子及微小的辐射等组成。

宇宙是膨胀的吗?

天文学家发现，目前宇宙正在加速膨胀，暗能量是这种加速膨胀的原因。暗能量趋向于把宇宙排斥、散开，而暗物质则是趋向于将宇宙合在一起。

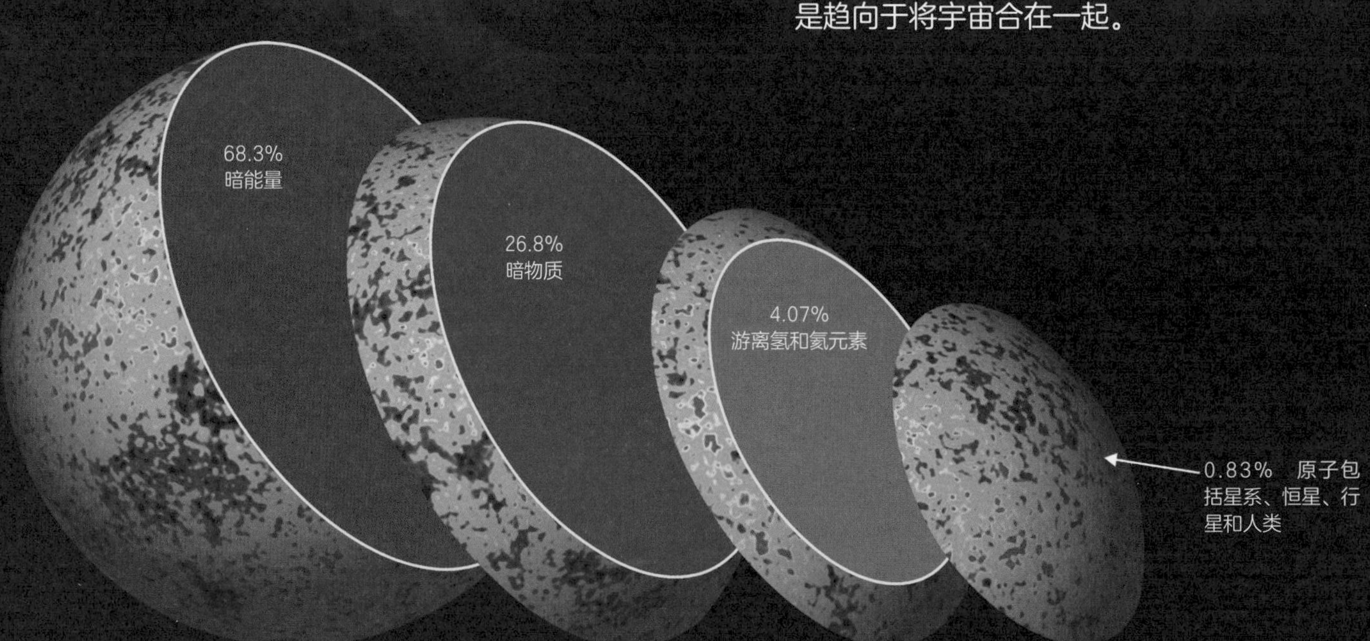

天体系统是如何分级的?

天体系统从大到小的分级为：可观测的宇宙（旧称总星系）、超星系团、星系团/群、星系、行星系、卫星系。我们的太阳系是一个行星系，地球与月球是一个卫星系。

什么是超星系团?

超星系团是由若干星系团聚在一起构成的更高一级的天体系统，又名二级星系团。

什么是星系团/群?

星系团/群是由几十个、几百个甚至上万个星系通过引力作用聚集在一起的集团/群。本星系团，是地球所在的星系团，距离大约5 900万光年，位置处在室女座方向，拥有约2 000个星系。

银河系所在的本地群只是这个集团的外围成员之一。

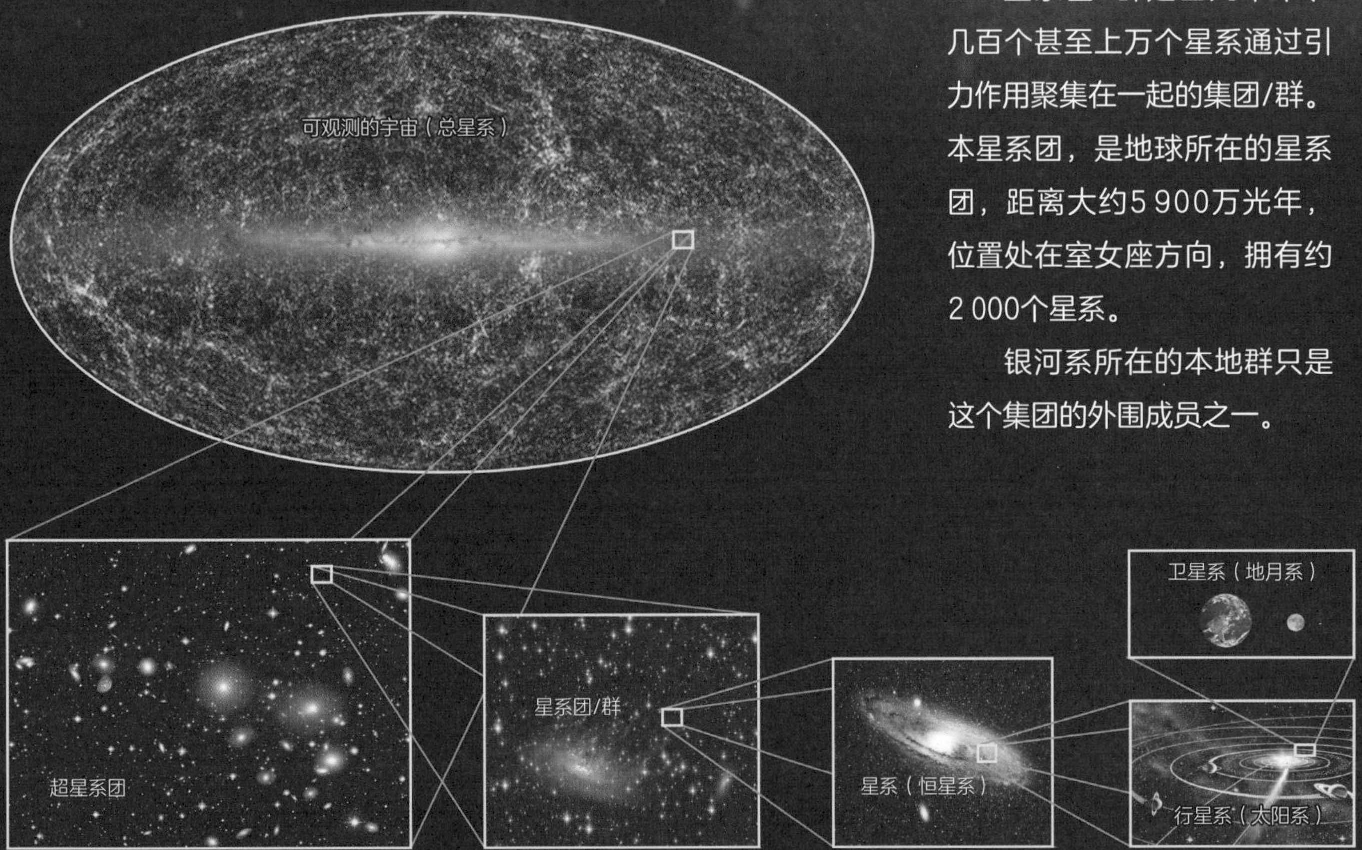

什么是暗能量?

暗能量是指由天文观测推断存在的一种溢于宇宙空间的、具有负压强的能量。这种负压强类似于一种反引力的能量形式，是解释宇宙加速膨胀和宇宙中失落物质等问题的一个主流说法。

暗能量约占据宇宙质能的68.3%。

暗能量（紫色网格代表暗能量，绿色网格代表引力）

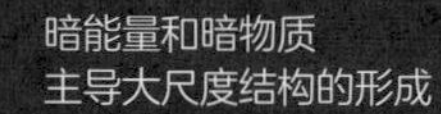

暗能量和暗物质
主导大尺度结构的形成

暗能量的特点

暗能量的特点是具有负压，在宇宙空间几乎均匀分布或完全不结团。它是一种未知的负压物质，具有物质的作用效应而不具备物质的基本特征。

暗能量对宇宙的影响

暗能量与光会发生一些中和作用，作用域为同级暗能量的分布范围。当暗能量与光反应时，会对作用域的时间产生影响。由于宇宙空间不断发生中和反应，作用域内物质的质量在不断减小，致使物质的引力减小，出现宇宙膨胀。

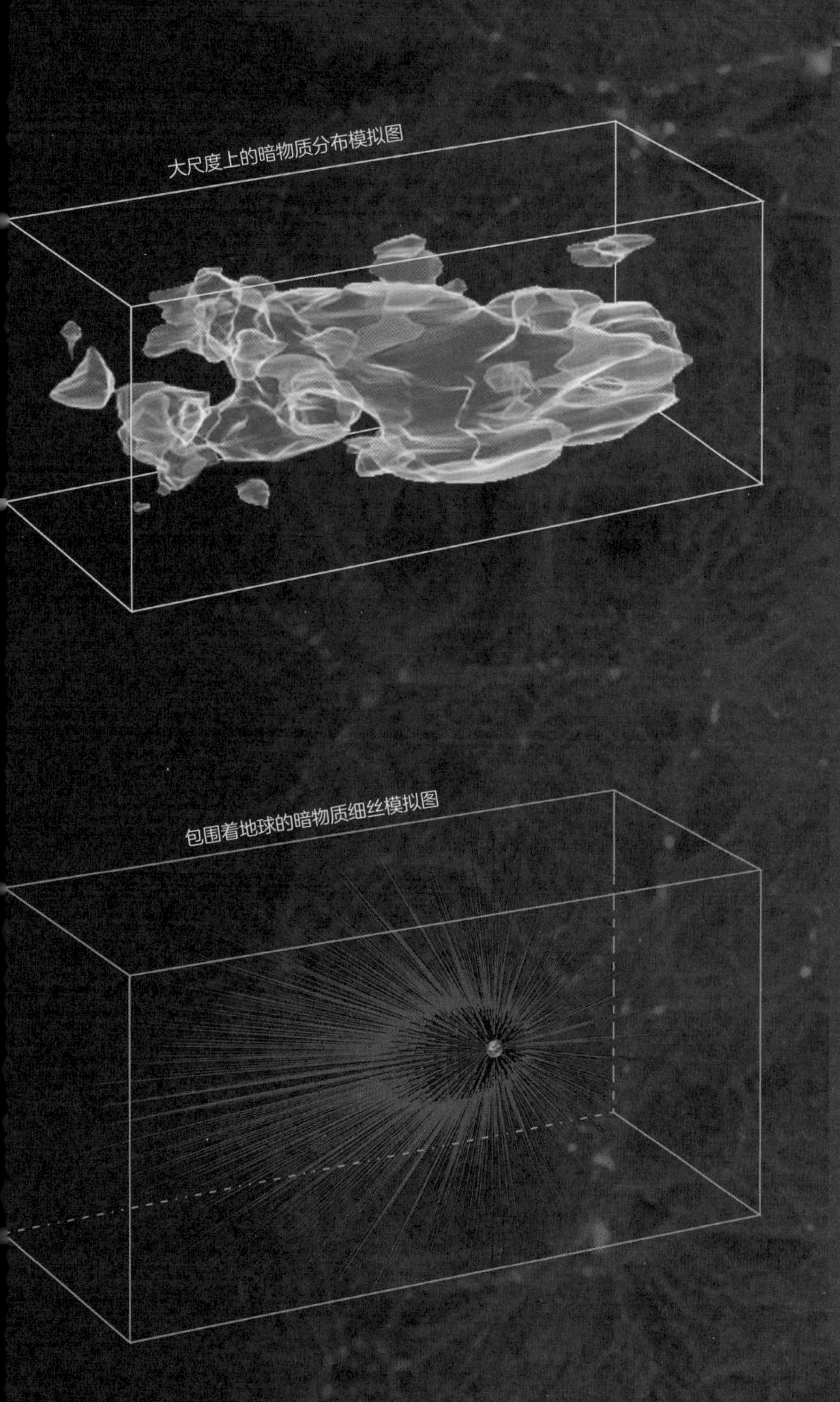

什么是暗物质?

暗物质是指由天文观测推断存在于宇宙中的不发光物质。这类不发光的物质是仅参与引力作用和弱作用，而不参与电磁作用的非重子中性粒子。

暗物质粒子，不带电荷，不产生电磁波，但是有引力。

暗物质是宇宙的重要组成部分，约占宇宙物质含量的26.8%。广义的暗物质还包括我们已知的不发光或辐射微弱的天体，如中子星、棕矮星、弥漫的气体和尘埃等。

暗物质的观测

暗物质是无法直接观测到的，但由于它能干扰星体发出的光波，参与引力作用，它的存在可以通过观测其他发光天体的运动、图像等探测到。

暗物质存在的最早证据，来源于对银河系中心天体绕银心旋转速度的观测。

地图和星图的方向

南北相同，东西相反。

什么是全天星图?

全天星图是指把全天星体按一定的规律绘制在一张或多张纸上的星图，也包括电子星图。

全天星图分类和特点

目前主要有一天区、两天区和三天区的全天星图。相同尺寸的星图，全天分区越少，整体感越好，但星象畸变越大；反之，分区越多，整体感越差，但星象畸变越小。此外，还有春夏秋冬四天区、八天区和多天区的分页星图，甚至有按88个星座划分的星图册。

一天区的星图

星空范围为北半天球或南半天球星空，分别加赤道以外部分星空。整体感非常好，但非全天星空，细节少，星等高，畸变最大。具体畸变情况为：北半天球或南半天球的中纬度星象稍有畸变，低纬度星象畸变极大，而所加的赤道以外星象畸变超大。

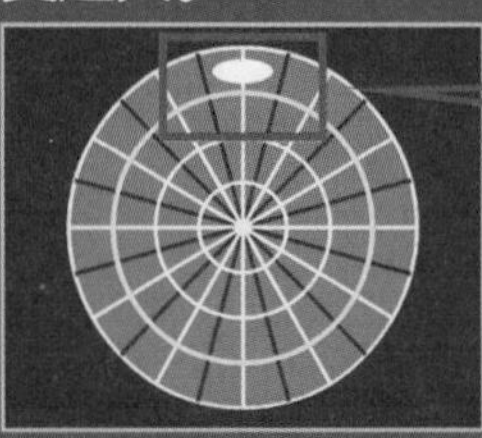

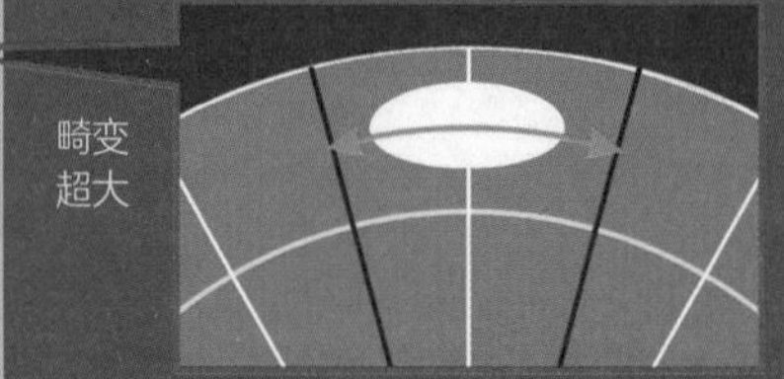

两天区的星图

星空范围为北半天球和南半天球分开的两片星空。整体感好，为全天星空，但细节较少，星等偏高，畸变较大。具体畸变情况为：中纬度星象稍有畸变，低纬度星象畸变较大。

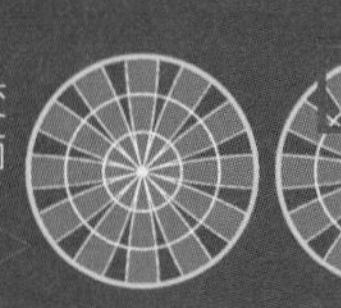

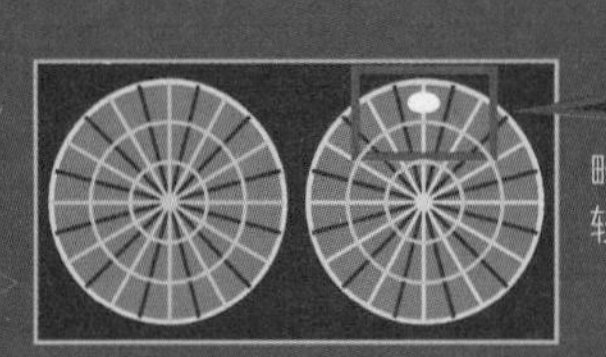

三天区的星图

星空范围为北天、南天和天赤道分开的三片星空。整体感差，但为全天星空，细节多，星等低，畸变小，只有在中纬度区域星象稍有畸变。

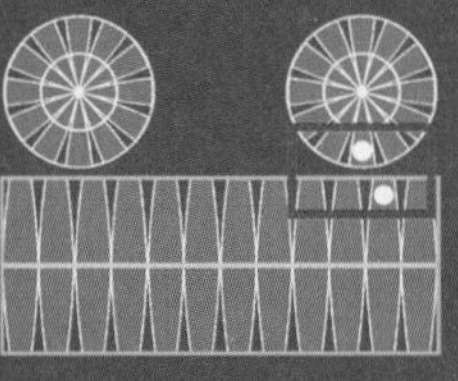

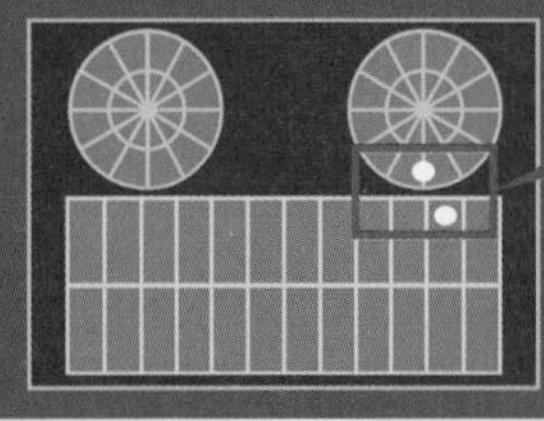

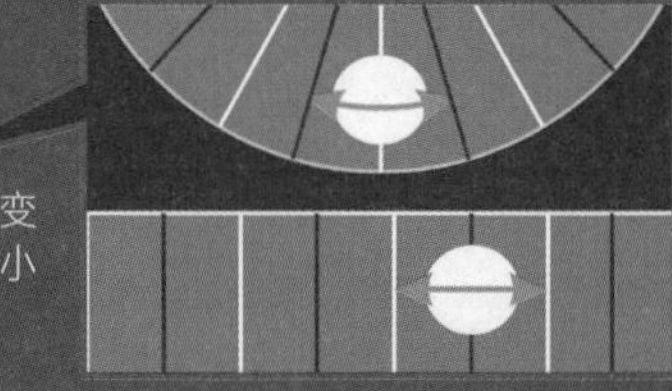

开普勒定律及二体问题

开普勒第一定律

也称椭圆定律、轨道定律，太阳系中每一颗行星都以椭圆形轨道围绕太阳运行，而太阳则处在对应椭圆曲线的其中一个焦点。

开普勒第二定律

也称等面积定律，在相等的时间内，太阳和运动着的行星的连线所扫过的面积都是相等的。行星越接近太阳，运行的速度越快。

开普勒第三定律

即周期定律，太阳系中每一颗行星绕太阳公转周期的平方与它们的椭圆轨道的半长轴的立方成正比。

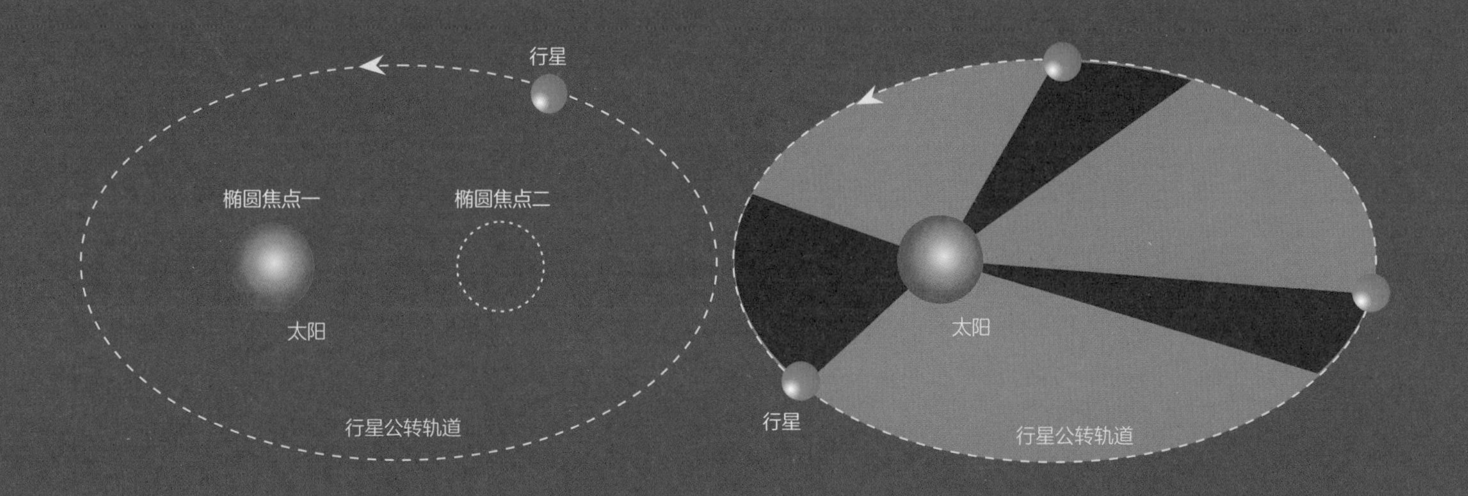

二体问题

两个天体在相互引力作用下的运动问题。球状天体可以看成质点，相互之间的距离比起它们的直径大得多的天体也可以看成质点。在太阳系中天体的运动轨道是椭圆曲线的一种，并遵循开普勒定律。

三体问题

三个天体（看成质点）在相互引力作用下的运动问题。如研究地球运动，除太阳外还要考虑另外一颗行星对它的引力，便形成三体问题。三体问题极其复杂，迄今尚未完全解决。

多体问题

多个（三个或三个以上）天体（看成质点）在相互引力作用下的运动问题。

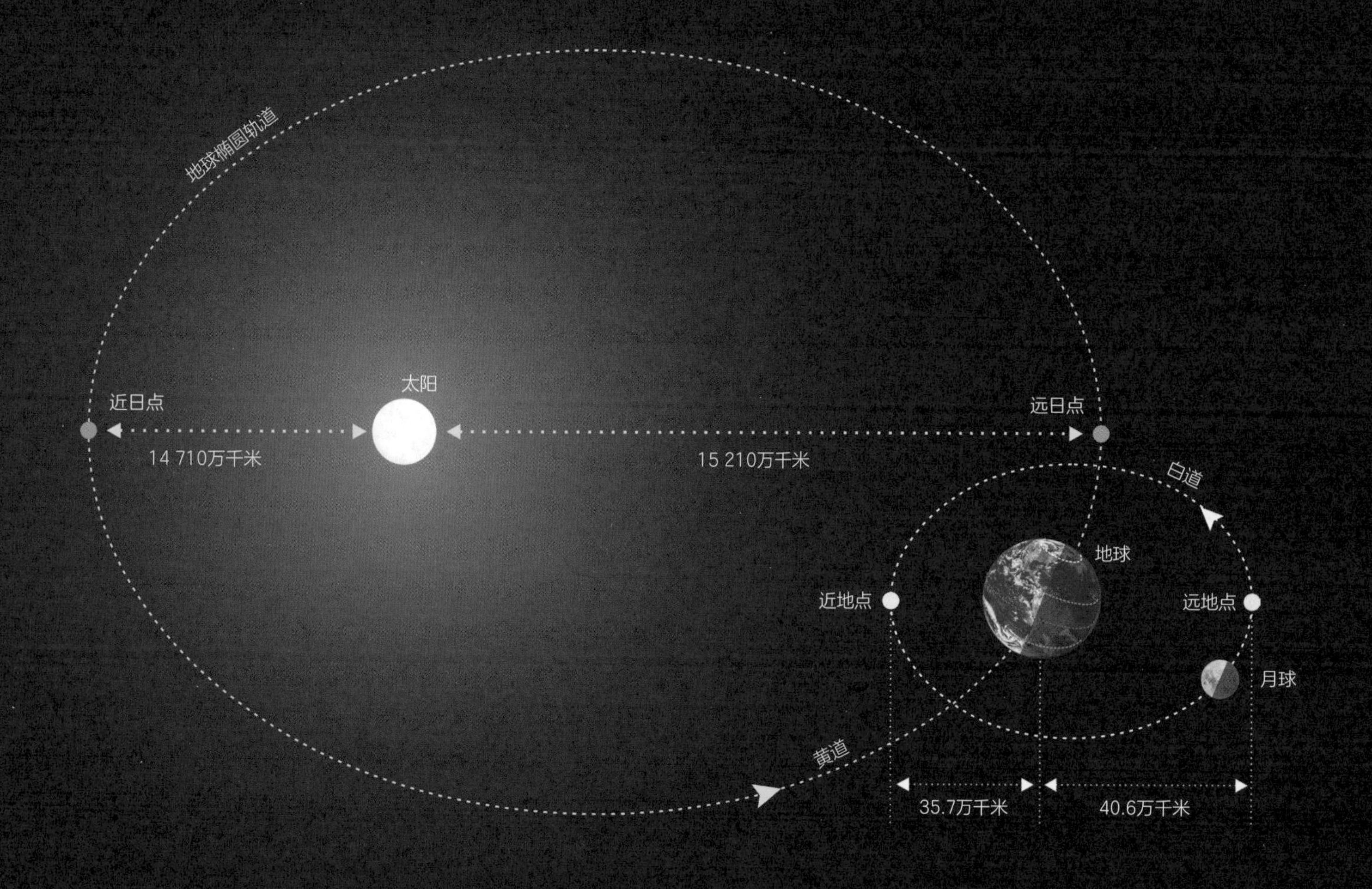

什么是近日点和远日点?

近日点是指天体绕太阳运行距离太阳最近的点，反之，距离太阳最远的点便是远日点。天体到达近日点时公转速度最大，到达远日点时公转速度最小。

地球近日点是每年公历1月初或冬至后一旬左右，远日点是每年公历7月初或夏至后一旬左右。

什么是近地点和远地点?

近地点是指月球绕地球运行离地心最近的点，反之，距离地心最远的点为远地点。近地点和远地点在椭圆轨道的长轴的两端，近地点的日期从农历初一至三十任何一天都有可能。

什么是星等？

星等是表示天体相对亮度强弱的等级。

如何表示星等等级？

目视星等用数值表示，星等的数值越小，星光越亮。目视星等和绝对星等都遵循普森定律，即每差1星等，亮度相差2.512倍。

-30
-25
太阳
-20
-15
-10
-5
金星最亮时
0星等
天狼星
北极星
5
M31
10
M57
15
20
25
30星等
肉眼可见星等范围
用大型地面望远镜可观测到的星等范围
用哈勃太空望远镜可观测的星等范围

什么是目视星等？

目视星等是指从地球上凭肉眼或在天文望远镜中用肉眼测定的天体亮度等级。

人的肉眼可以看到最暗的几等星？

人的肉眼可以看到最暗的星星是6等星；暗于6等星，只能通过望远镜等设备才能观测到。

天球

将所有天体看似附在以地球或太阳为中心的无限大假想圆球面上，叫天球。有地心天球和日心天球。

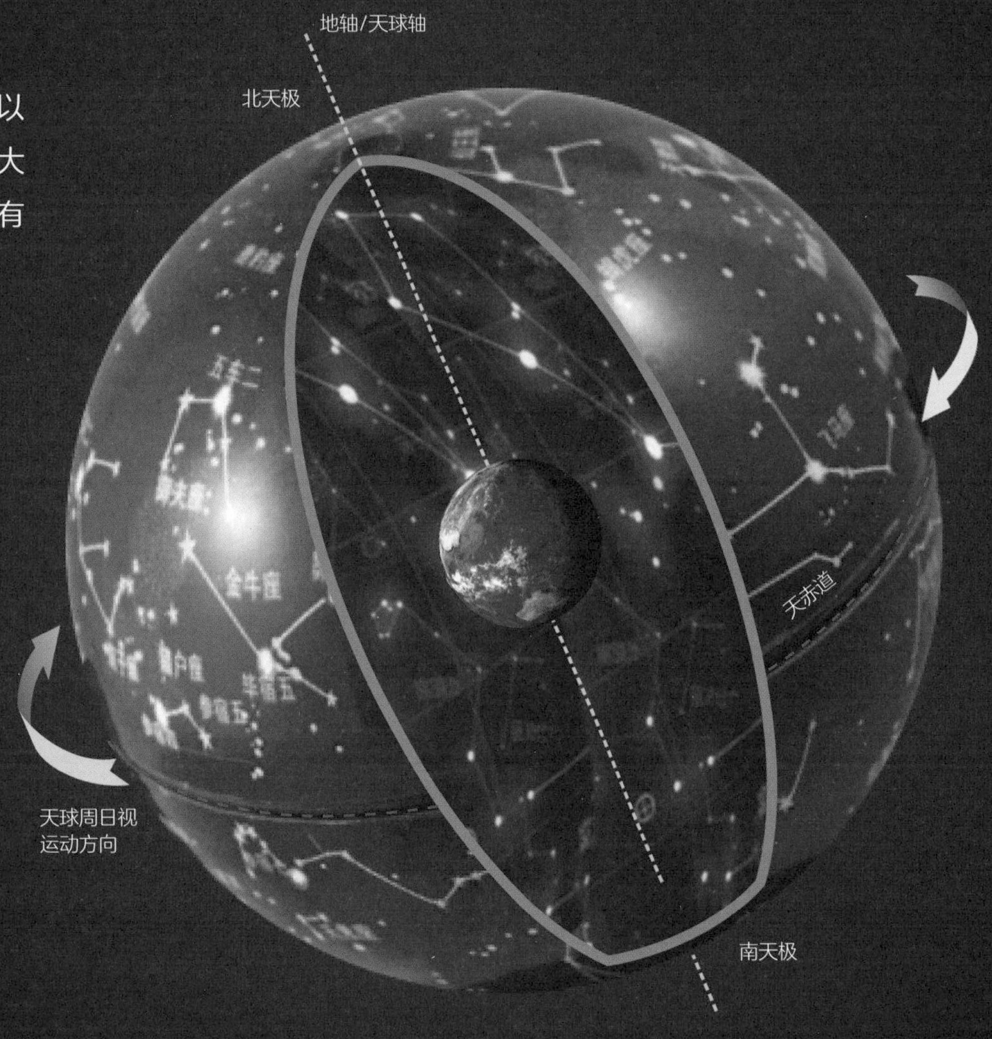

天球仪

天球仪是一种天文教学仪器，在一可绕轴转动的圆球上绘有星座、黄道、赤道及赤经圈、赤纬圈等，用以帮助初学天文者认识星空。天球仪演示是顺时针旋转的，这是因为地球是自西向东逆时针旋转的，于是造成了天球反向旋转的视运动现象。

天球仪多种多样，小型天球仪上的星座天体被绘制在天球仪表面，因此在“天球”外面观测的星空与在地球上看的星象相反。而有些大型天球仪上的星座天体被绘制在天球仪的里面，类似模拟星空穹顶或天象仪，因此在“天球”里面观测的星空与日常观测的星象相同。

宇宙速度

宇宙速度是指从地球表面向宇宙空间发射人造地球卫星和行星际、恒星际等飞行器所需的最低速度。人类制造的飞行器已经达到了第三宇宙速度。此外，还有第四、第五、第六物理假设速度说。

光速约每秒30万千米，是所有物质运动速度的上限。这是宇宙的基本法则之一。

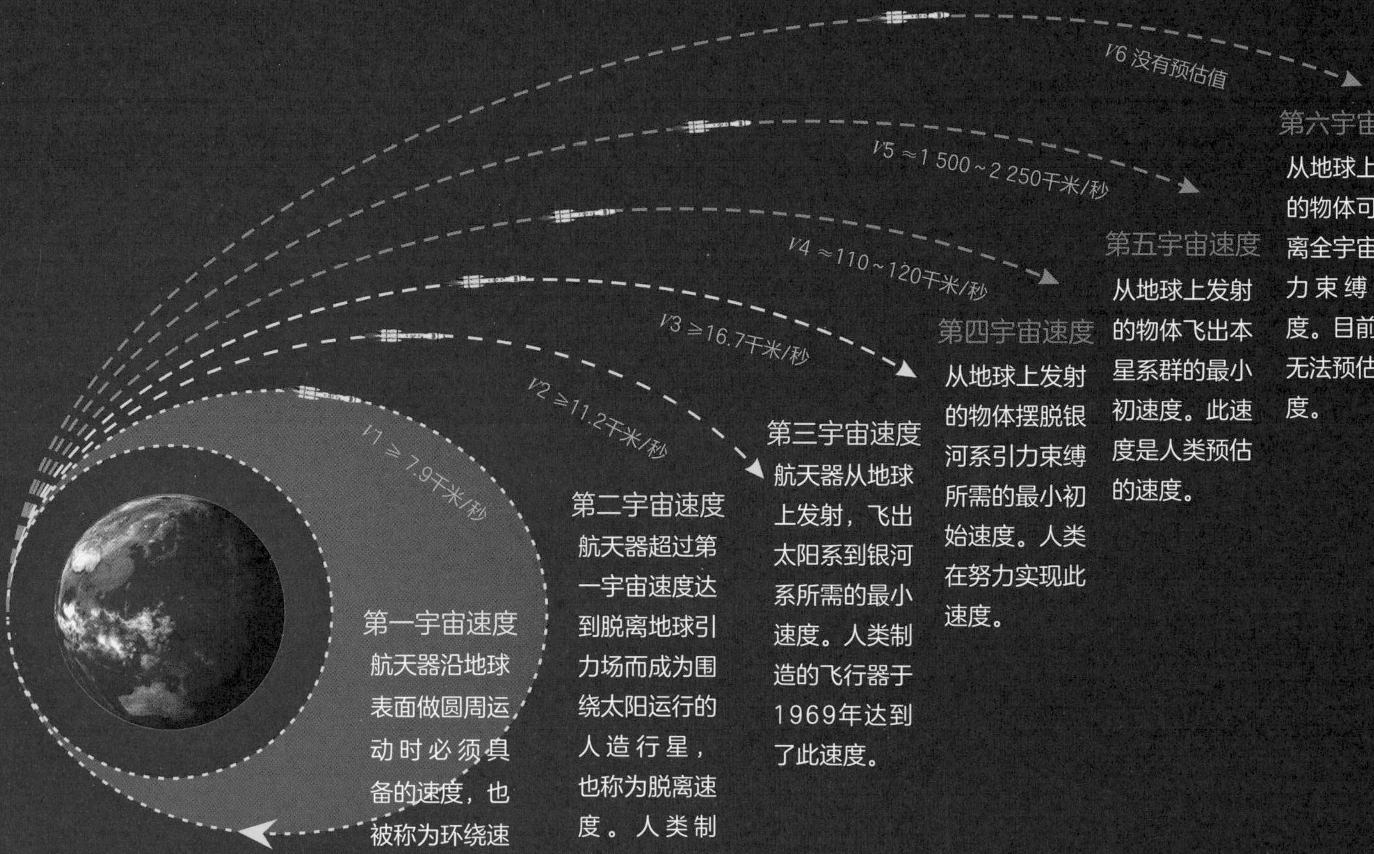

$V_1 \geq 7.9$千米/秒

第一宇宙速度

航天器沿地球表面做圆周运动时必须具备的速度，也被称为环绕速度。人类制造的飞行器于1948年达到了此速度。

$V_2 \geq 11.2$千米/秒

第二宇宙速度

航天器超过第一宇宙速度达到脱离地球引力场而成为围绕太阳运行的人造行星，也称为脱离速度。人类制造的飞行器于1955年达到了此速度。

$V_3 \geq 16.7$千米/秒

第三宇宙速度

航天器从地球上发射，飞出太阳系到银河系所需的最小速度。人类制造的飞行器于1969年达到了此速度。

$V_4 \approx 110 \sim 120$千米/秒

第四宇宙速度

从地球上发射的物体摆脱银河系引力束缚所需的最小初始速度。人类在努力实现此速度。

$V_5 \approx 1\,500 \sim 2\,250$千米/秒

第五宇宙速度

从地球上发射的物体飞出本星系群的最小初速度。此速度是人类预估的速度。

V_6 没有预估值

第六宇宙速度

从地球上发射的物体可以脱离全宇宙的引力束缚的速度。目前人类无法预估此速度。

认识望远镜

什么是天文望远镜?

天文望远镜是一种通过接收天体发出的可见光和不可见光的各种辐射波来观察天体的仪器。

天文望远镜分为哪几类?

天文望远镜包括在可见光波段下工作的光学望远镜和在非可见光波段下工作的射电望远镜、红外线望远镜、紫外线望远镜、X射线望远镜、γ射线望远镜等。

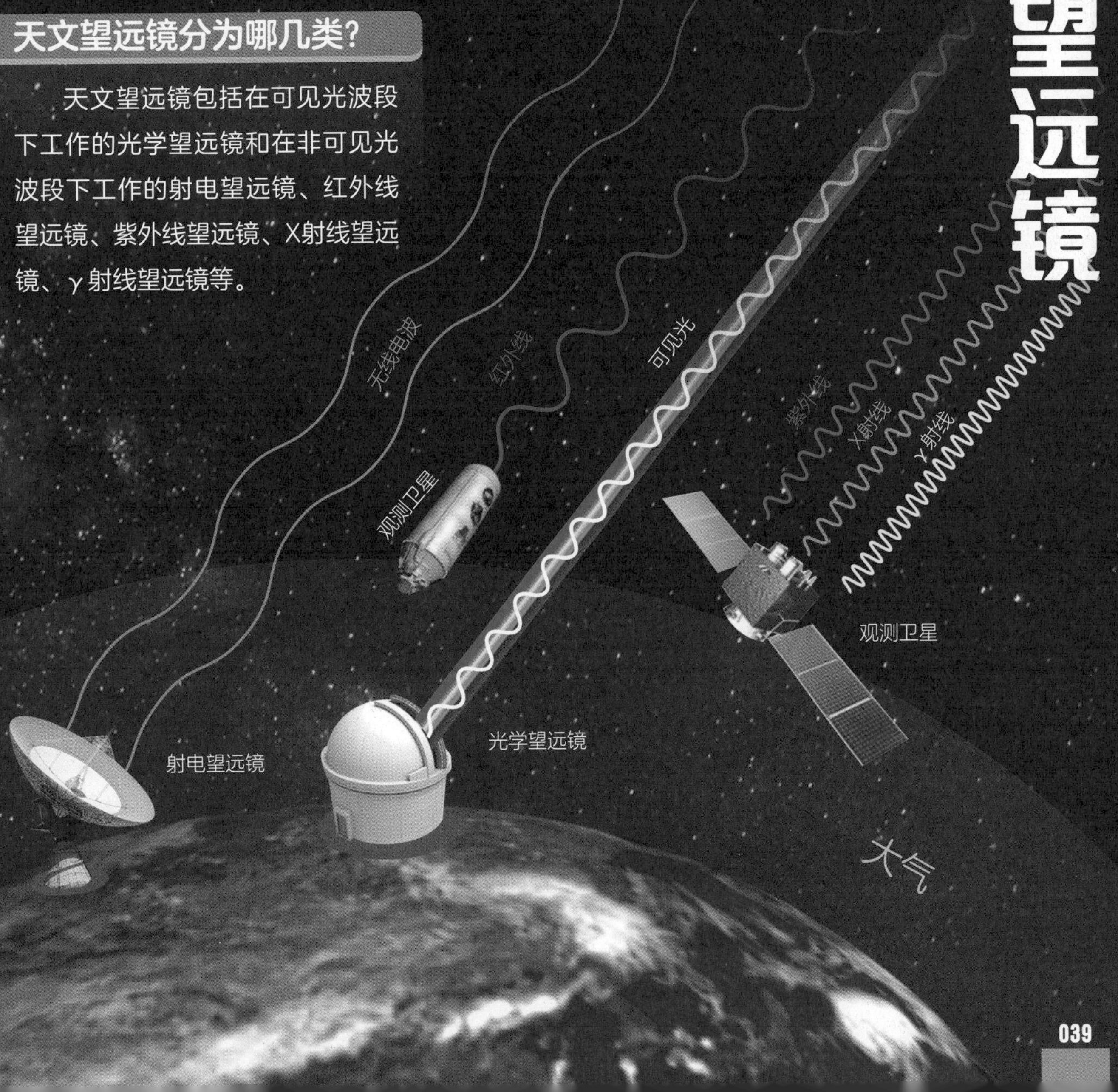

光学望远镜是由哪些构件组成的？

光学天文望远镜是一种通过接收天体发出的可见光辐射来观察天体的仪器。它主要由物镜、目镜、镜筒、支架及配件组成。

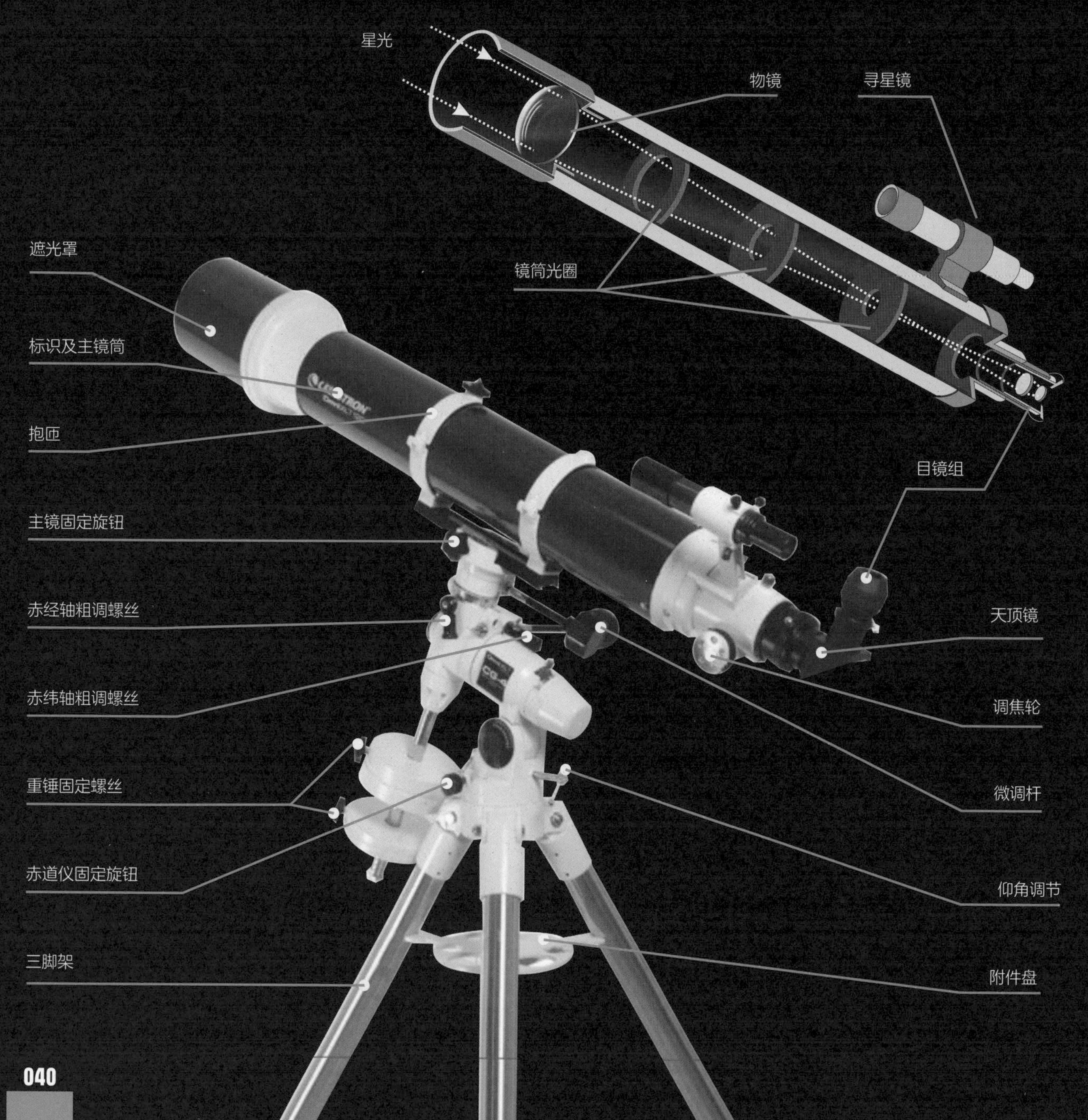

由于地球自转，在地球上用望远镜观测天体，就会发现天体不停地移出镜头，望远镜倍率越高移动越明显。为实现天体追踪观测，抵消地球自转的影响，在望远镜上安装反自转方向的仪器——赤道仪。

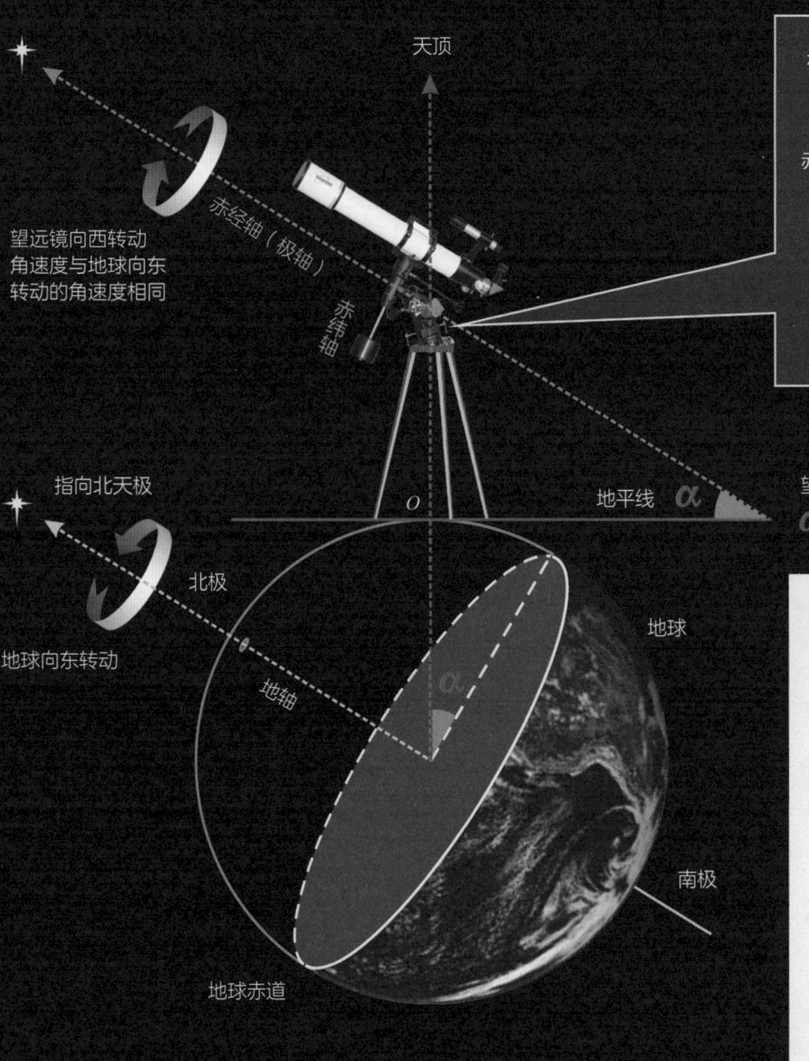

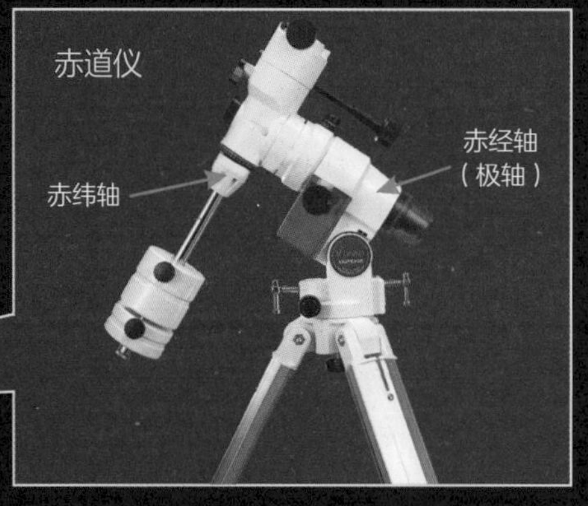

望远镜的底座

地平式底座，是望远镜支架上安装的纵横两根轴，可以任意手动调整望远镜的仰角和方位角的简单装置。

赤道式底座，是为了改进望远镜地平式底座的缺点，克服地球自转对观星的影响的一种装置。即通过调整或全自动调整赤经轴和赤纬轴，使望远镜转动的角速度与地球自转角速度相同，而方向正好相反来实现的。

什么是望远镜放大倍率？

光学望远镜的放大倍率，是物镜焦距除以目镜焦距，是物体视大小的放大比率。

高倍率望远镜，放大的物体看起来较大、较近，适合观测月球、行星以及较近的双星。

低倍率望远镜，低放大倍率和短焦距提供更宽阔的视野，适合观测分散的天体。

如目镜焦距相同，则短焦距望远镜能提供较宽阔的视野，但放大倍率也较低。通过更换目镜可以改变望远镜的放大倍率，但望远镜的放大倍率是有限制的，即不能超过口径单位数值的两倍，即便是大型望远镜，倍率也极少超过500倍，一般都在100～200倍。

大型望远镜不是把天体放得更大，而是提供一个较明亮和较清晰的影像，这一般是通过加大望远镜口径来实现的。

什么是望远镜的焦比？

天文望远镜的焦比，又称相对口径，即用望远镜的焦距除以口径，得出焦比。焦距是收集光线的物镜表面到焦点的距离，以毫米表示。

目镜相同的条件下，长焦比放大比例大，但视野小；中焦距望远镜可以兼顾高放大比率和宽视野。

焦比分为哪几类？

望远镜的焦比分类如下：

1．长焦比望远镜，焦比＞f/10。

2．中焦比望远镜，焦比为f/5、f/6、f/7、f/8。

3．短焦比望远镜，焦比为f/2、f/4。

光学望远镜分为哪几类？

光学望远镜分为折射式望远镜、反射式望远镜和折反射式望远镜三大类。

望远镜的大小有区别吗？

望远镜的大小，通常是指望远镜的口径大小，对观测星空的体验是不同的。通常物镜的口径越大，收集的光线越多，看到的星星越多，观测到的天体细节越多越清晰。反之，望远镜的口径越小，看到的星星越少，观测到的天体细节越少越不清晰。

望远镜的口径及其极限星等

望远镜的极限星等主要与望远镜的口径有关。物镜的口径越大，所能观测的星等越暗。

物镜口径	极限星等	物镜口径	极限星等	物镜口径	极限星等	物镜口径	极限星等
50毫米	10.1等	125毫米	14.2等	300毫米	16.1等	500毫米	17.2等
75毫米	11.1等	200毫米	14.6等	350毫米	16.5等	600毫米	17.6等
60毫米	13.1等	250毫米	15.2等	400毫米	16.7等	750毫米	18.1等
100毫米	13.7等	150毫米	15.7等	450毫米	17.0等	900毫米	18.5等

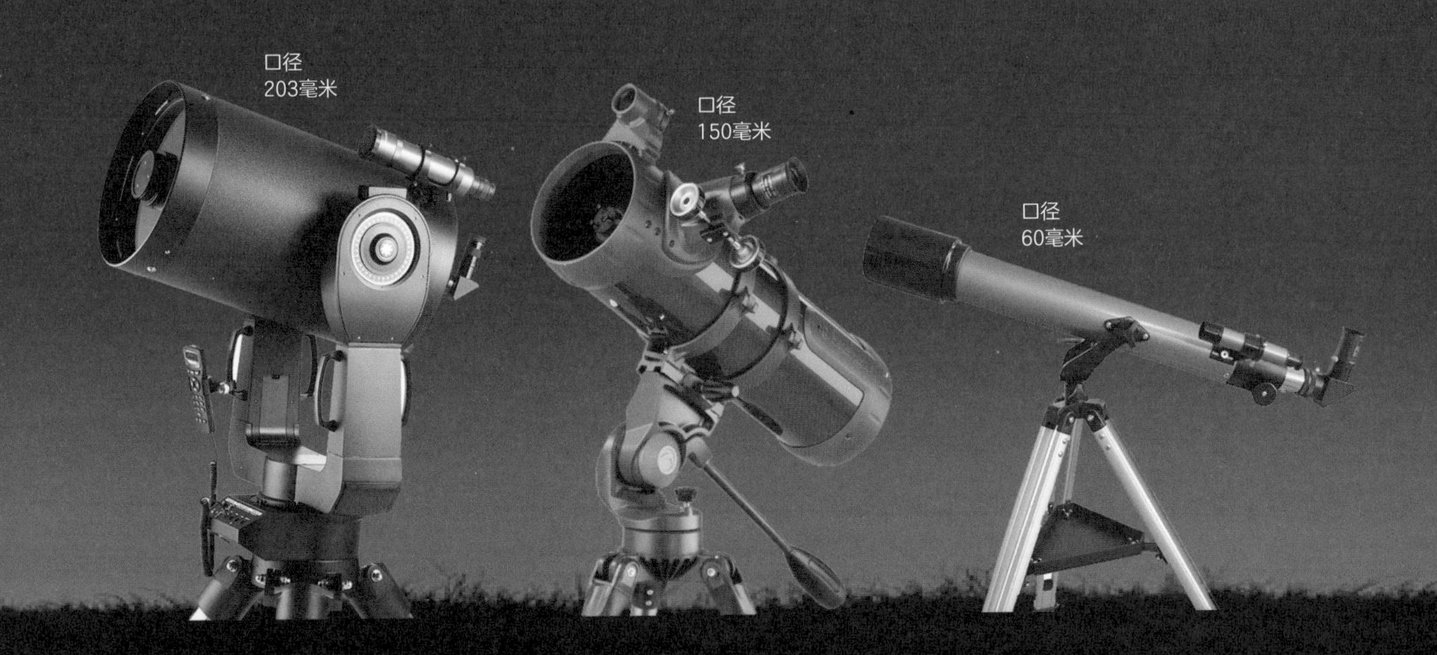

三种光学望远镜比较表

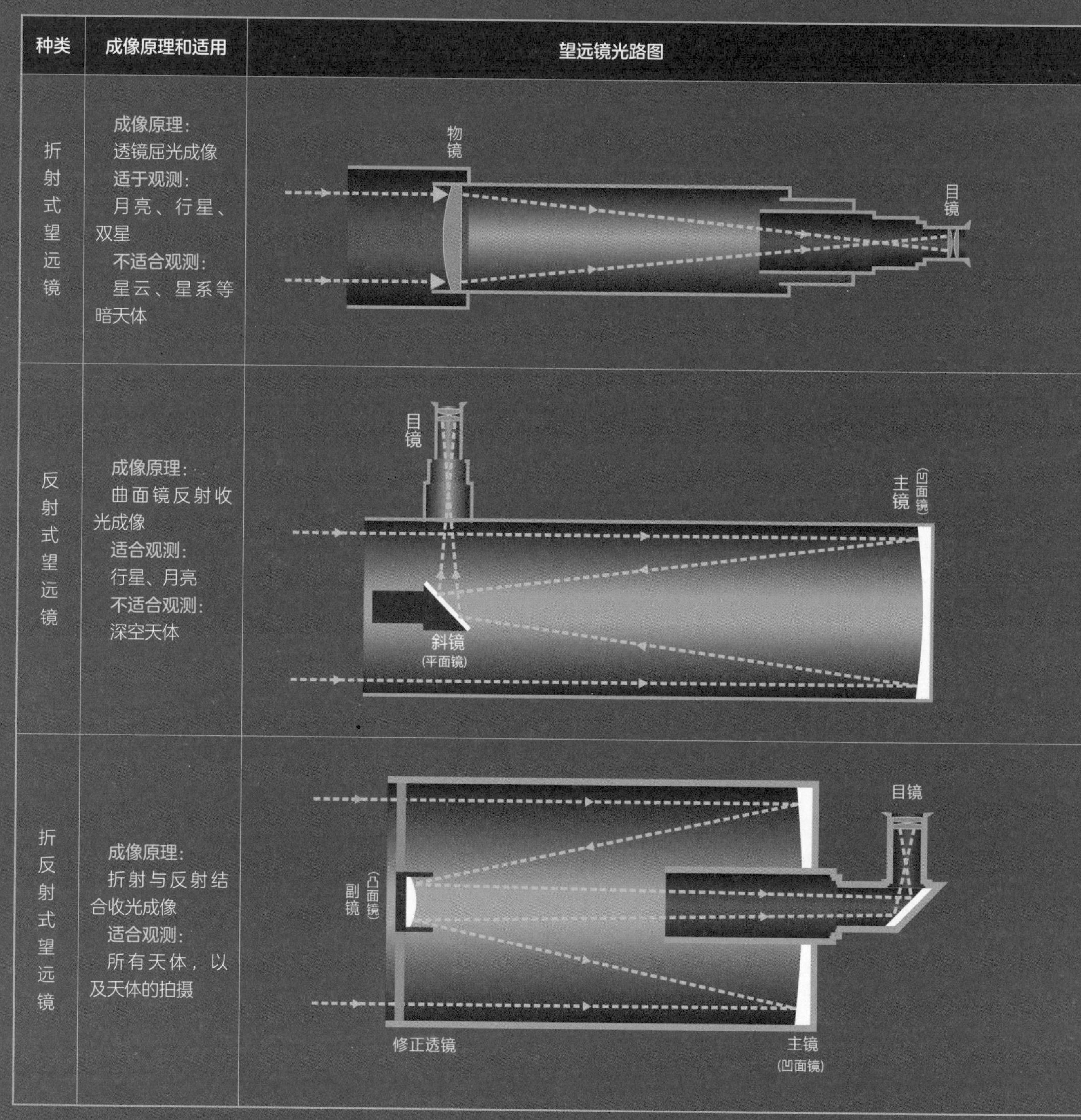

种类	成像原理和适用	望远镜光路图
折射式望远镜	成像原理：透镜屈光成像 适于观测：月亮、行星、双星 不适合观测：星云、星系等暗天体	物镜 目镜
反射式望远镜	成像原理：曲面镜反射收光成像 适合观测：行星、月亮 不适合观测：深空天体	目镜 主镜（凹面镜） 斜镜（平面镜）
折反射式望远镜	成像原理：折射与反射结合收光成像 适合观测：所有天体，以及天体的拍摄	目镜 副镜（凸面镜） 修正透镜 主镜（凹面镜）

	优点	缺点
	（1）成像的反差较大，物镜口径没有任何遮挡，入射光线不会被衍射、散射。 （2）易于保养，透镜不需要经常镀膜，镜筒通常无须调整准直。 （3）不用过多维护，透镜固定在镜筒中，光轴不太容易偏离，也不容易损坏。 （4）外形设计流畅，小口径便于携带。 （5）目镜位置观测方便，容易定位目标。 （6）高质量的消色差和复消色差望远镜在一些方面比反射镜优越	（1）成像有色差，表现在类似月亮这样明亮目标的周围可以看到暗色的彩边，消色差和复消色差透镜设计虽然克服了色差，但价格昂贵。 （2）长焦距则需要长的镜筒，风或低质量支架都会让望远镜晃动而影响观测体验。 （3）物镜越大，镜筒会越长，目镜的位置就会越低，在一定程度上造成观测不方便。 （4）封闭的镜筒需要较长的时间才能达到周围环境的温度。虽然现在的薄壁铝制镜筒已经大大缩短了热平衡所需的周期，但在实际观测中仍有影响
	（1）没有色差的困扰。 （2）即使有较大口径也不会很贵。 （3）强大的焦比能提供广阔视野。 （4）口径越大聚光效果越好，清晰度越好	（1）有光学彗差，需用特别目镜或校准镜校正。 （2）多个镜子的组合会使光线损耗比折射式望远镜多。 （3）副镜存在中心遮挡，导致光的衍射和对比损耗。 （4）望远镜越大越笨重，目镜的位置不方便观测。 （5）镜面受空气和灰尘影响，几年便需要镀膜维护。 （6）光轴易变化，使用前都需要调整，除非固定安装。 （7）主镜较厚，与周围环境达到热平衡会很困难
	（1）相对于折射式望远镜，相同成本获得较大口径。 （2）相对于反射式望远镜，相同口径获得更长焦距。 （3）镜筒短但获得焦距长，易配目镜获得高倍率。 （4）能把色差降到最低，有良好的聚光力。 （5）镜筒密封，减少灰尘影响，延长了使用寿命。 （6）目镜位置舒适，镜筒短，易携带，适合野外观测。 （7）维护简单，几乎不需要维护	（1）价格昂贵，所谓“一寸口径一寸金”。 （2）多种镜子的组合会使光线损耗严重。 （3）镜筒中心装置阻挡光线，使收光成像变弱。 （4）外形看起来与想象中的望远镜不一样

什么是极限星等?

极限星等是可观测到的最暗天体的星等。肉眼的极限星等是6等星，望远镜的极限星等与口径大小有关。

肉眼观测

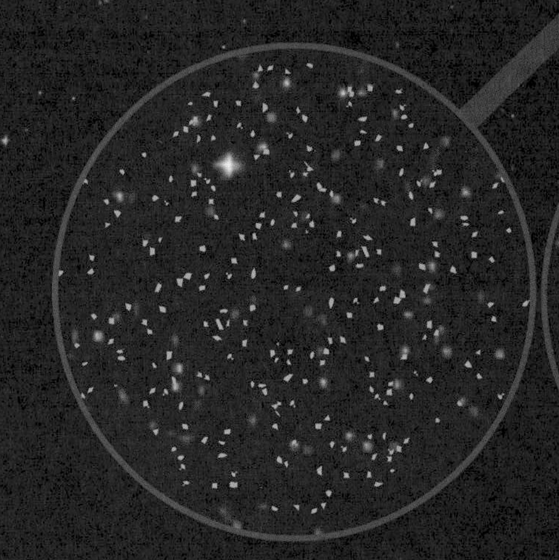

口径203毫米的星空

口径125毫米的星空

口径90毫米的星空

望远镜看到各等星数量

7等星	10 000颗
8等星	32 000颗
9等星	97 000颗
10等星	270 000颗
11等星	700 000颗
12等星	1 800 000颗
13等星	5 100 000颗
14等星	12 000 000颗
15等星	27 000 000颗
16等星	55 000 000颗
17等星	120 000 000颗
18等星	240 000 000颗
19等星	510 000 000颗
20等星	945 000 000颗
21等星	1 890 000 000颗

什么是望远镜的视场？

望远镜的视场是指望远镜所能看到的最大天空范围。通常用角度表示，视场角大小决定了望远镜的视野范围，视场角越大，观测的范围越大，放大的倍率越小。

视场角为40°的视野

视场角为3°的视野

眼睛的视场角为160°

视场角为40°的望远镜

视场角为3°的望远镜

望远镜观测期待效果和实际效果

期待望远镜
看到的恒星

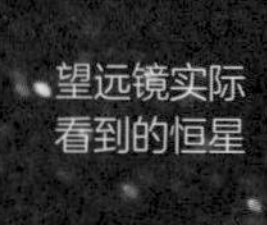

望远镜实际
看到的恒星

期待望远镜
看到的土星

望远镜实际
看到的行星

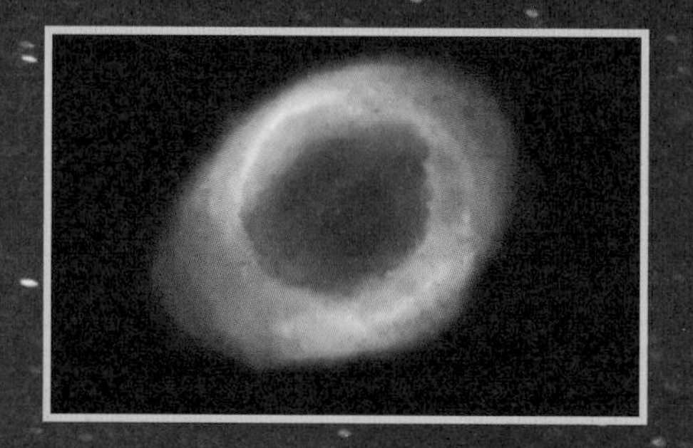

期待望远镜
看到的星云

望远镜实际
看到的星云

期待望远镜
看到的星系

望远镜实际
看到的星系

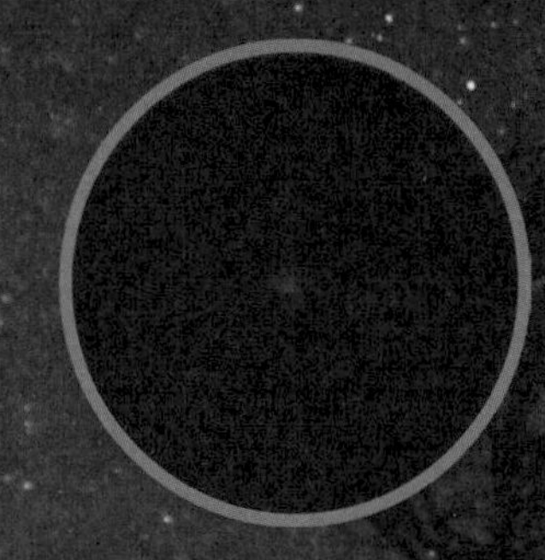

各种天文望远镜口径及其适用参考表

<table>
<tr><th>望远镜种类</th><th>物镜口径</th><th>焦比</th><th>视场</th><th>目镜倍率</th><th>体积</th><th>观测天体</th><th>观测效果</th><th>价格</th><th>适合人群</th><th>配件</th></tr>
<tr><td rowspan="9">折射式
反射式
折反射式</td><td rowspan="3">小口径
＜100mm</td><td>长焦比
＞f/10</td><td>小</td><td>低
＜30倍</td><td rowspan="3">小</td><td rowspan="3">月球、行星、彗星、太阳等较亮的天体。较暗天体通过长时间拍摄才能实现</td><td rowspan="3">月球表面环形山，太阳表面黑子，细节一般。木星、土星轮廓小而图像模糊</td><td rowspan="3">不贵，同口径中反射式较便宜</td><td rowspan="3">入门人群：熟练使用望远镜，开始观星。
高阶人群：方便携带，适合野外长时间拍摄</td><td rowspan="9">主要配件：三脚架、手动或自动的经纬仪或赤道仪、太阳观测专用巴德膜。
入门观测：选用手动的经纬仪或赤道仪。
进阶观测：选用自动的经纬仪或赤道仪。
高阶观测和拍摄：选用高质量经纬仪或赤道仪</td></tr>
<tr><td>中焦比
f/5 f/6
f/7 f/8</td><td>中</td><td>中
30~100倍</td></tr>
<tr><td>短焦比
f/2 f/4</td><td>大</td><td>高
＞100倍</td></tr>
<tr><td rowspan="3">中口径
100
~
200mm</td><td>长焦比
＞f/10</td><td>小</td><td>低
＜30倍</td><td rowspan="3">中</td><td rowspan="3">月球、行星、彗星、太阳及星云、星系、星团等较暗的深空天体</td><td rowspan="3">月表环形山细节多，太阳表面黑子。行星较大，图像较清晰。深空天体比较暗弱</td><td rowspan="3">较贵，同口径中反射式较便宜</td><td rowspan="3">进阶人群：开始追求观测效果、开始学习天体拍摄。
高阶人群：选择适合目标拍摄</td></tr>
<tr><td>中焦比
f/5 f/6
f/7 f/8</td><td>中</td><td>中
30~100倍</td></tr>
<tr><td>短焦比
f/2 f/4</td><td>大</td><td>高
＞100倍</td></tr>
<tr><td rowspan="3">大口径
＞200mm</td><td>长焦比
＞f/10</td><td>小</td><td>低
＜30倍</td><td rowspan="3">大</td><td rowspan="3">月球、行星、彗星、太阳及星云、星系、星团等更暗的深空天体</td><td rowspan="3">月表环形山细节多，太阳黑子、米粒组织。行星很大，图像清晰。深空天体相对清晰</td><td rowspan="3">昂贵，同口径中折射式昂贵，折反射式较贵，反射式低些</td><td rowspan="3">高阶人群：开始追求拍摄效果、开始探索星空奥秘</td></tr>
<tr><td>中焦比
f/5 f/6
f/7 f/8</td><td>中</td><td>中
30~100倍</td></tr>
<tr><td>短焦比
f/2 f/4</td><td>大</td><td>高
＞100倍</td></tr>
</table>

望远镜的历史

1608年 荷兰眼镜师汉斯·李波尔（Hans Lippershey）造出了世界上第一架望远镜。

1609年 意大利天文学家伽利略·伽利雷（Galileo Galilei）制作了一架口径4.2厘米、长1.2米的折射式望远镜。

1611年 德国天文学家约翰尼斯·开普勒（Johannes Kepler）改进了天文望远镜。

1668年 英国天文学家艾萨克·牛顿（Isaac Newton）发明了反射式望远镜。

1814年 出现了折反射式望远镜。

1931年 德国光学家伯恩哈德·施密特（Bernhard Voldemar Schmidt）制成了折反射式望远镜。

1932年 美国无线电工程师卡尔·央斯基（Karl Guthe Jansky）用无线电天线探测到来自银河系中心的射电辐射，由此，射电望远镜诞生。

月球观测

月球

月球是围绕地球公转的一颗自然卫星，是距离地球最近的天体。月球不发光，我们看到的月光，是反射的太阳光。月面基本没有大气，没有水，昼夜温差极大。

月球总是一面对着地球。

月球观测包括哪些内容？

月球是我们从小最熟悉的天体，也是观测最多的天体，几乎每天抬头就能够看到。月球的月面大，明亮而不刺眼，有明暗轮廓，有月牙、半月、满月的圆缺变化，有无数的美丽传说。人们对美丽的月亮一直充满着好奇和遐想。

月球观测的内容非常丰富。肉眼观测包括月相、月食、掩星、伴星、合月、月晕、假月、月华、月柱、月虹、椭圆月、月色、灰光等，还可以通过望远镜观测月陆、月海、环形山等月球地貌，以及人造卫星凌月等。

观测月球，首先要了解月球。

月球的正面

月球的正面是由陨石撞击形成的月坑、低地、高地等地貌组成的，特征是暗色的月海、亮色的月陆及大大小小的环形山。月陆的面积和月海的面积大致相等。

月球的背面

月球的背面与月球正面的地貌有很大的不同，由高地组成，地形高低悬殊。背面月陆的面积比月海大得多，环形山更多，月壳也比正面月壳厚得多。

月球正面

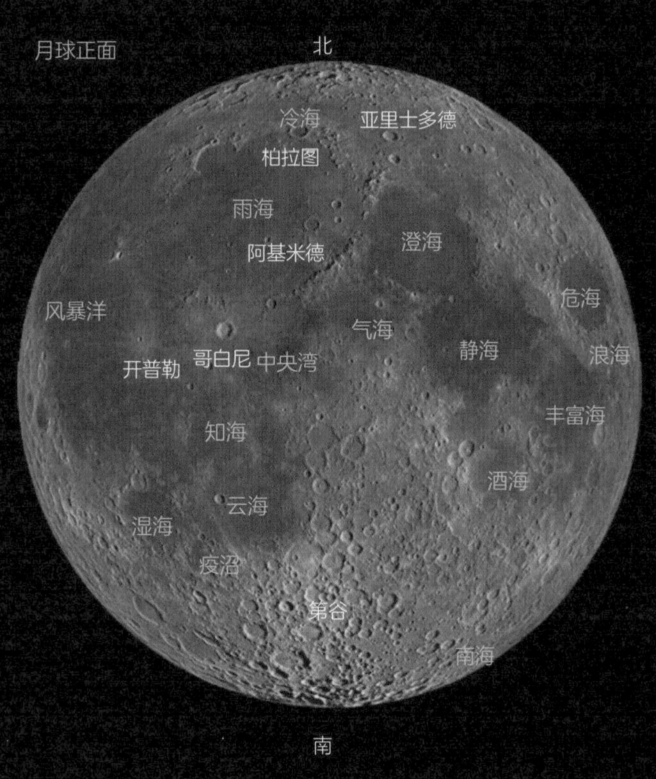

月球背面

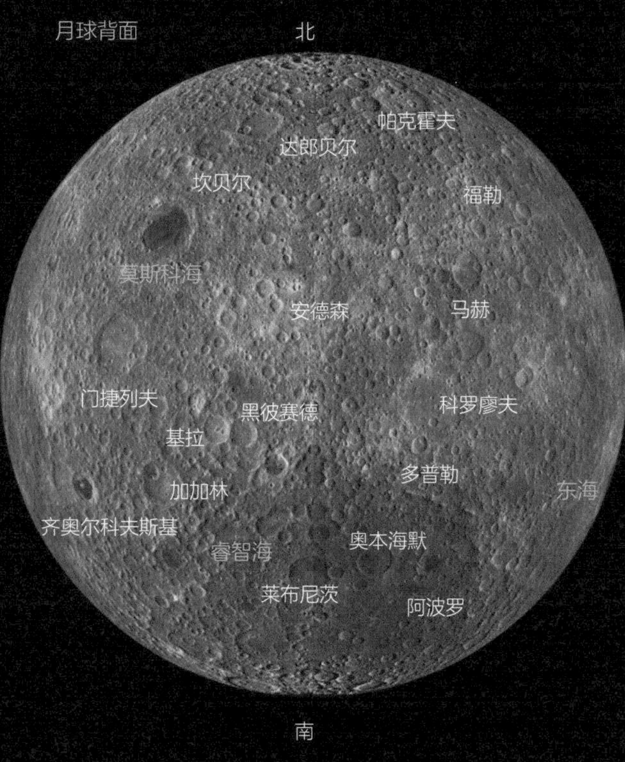

月球是个圆球吗？

月球形状为椭球体，类似夸张的鸡蛋形，鸡蛋的大头对着地球。

月球的结构

月球内部结构与地球一样，由月壳、月幔和月核等分层结构组成。月球也属于岩质天体。

月球的数据

地月均距：384 401千米

月球直径：3 476千米

月球体积：为地球的1/49

月球面积：3.79×10^7千米^2

月球年龄：约46亿年

自转周期：27.32天

公转周期：27.32天

月轴倾角：1.54°

轨道倾角：5.14°

轨道偏心率：0.054 9

反照率：约0.12

满月视星等：最大-12.74

月球质量：为地球的1/81.3

平均密度：3.35克/厘米^3

月球重力：约为地球的1/6

月面温度：中午最高为127℃，
夜晚最低为-183℃

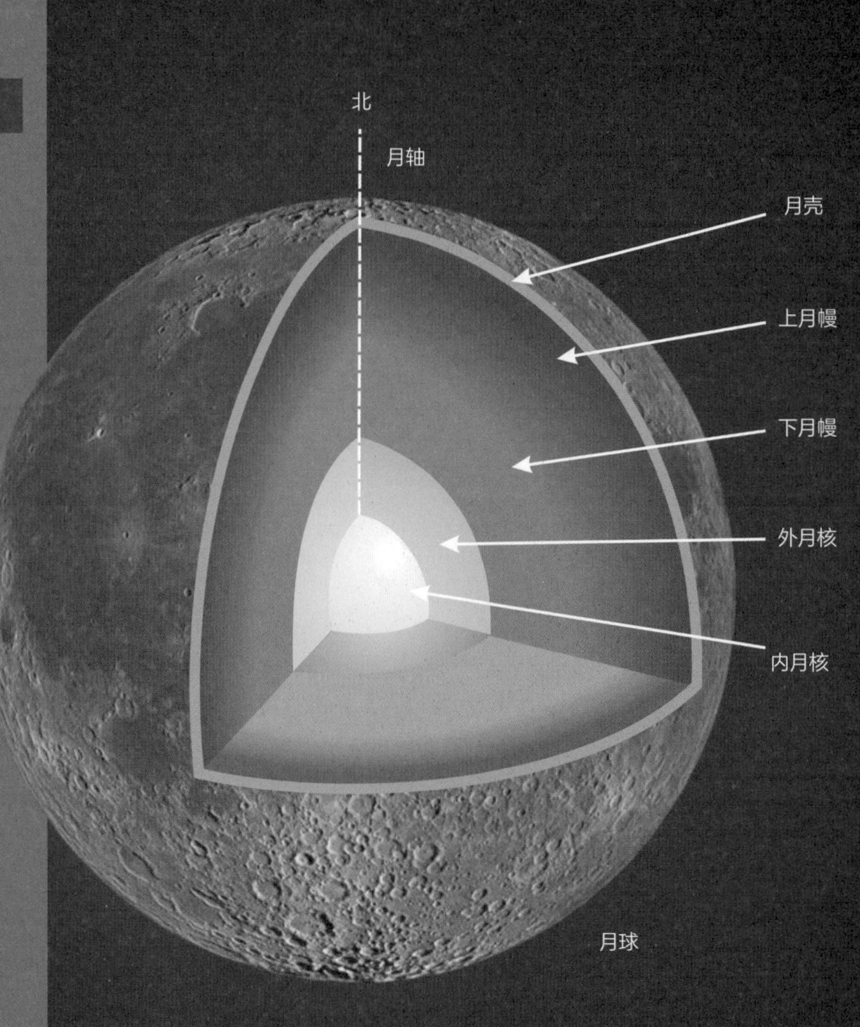

月球会自转吗?

在地球上看，月球总是一面对着地球，感觉月球不会自转。而事实上，月球是在不停地自转的，即绕着自己的轴相对于地球进行旋转。

为什么看不到月球的背面?

在地球上永远看不到月球的背面，这是因为月球自转周期与月球绕地球的公转周期相同。

月球是如何自转的?

我们把面向地球的月面画上兔子脸，月球围绕地球公转，在地球上看，兔脸永远对着地球。

但跳出地球，在地球的上方观看月球，兔脸面对的方向是变化的，这就是月球的自转。月球上兔脸方向变化一圈，月球也绕地球旋转一圈。

什么是月球的公转?

月球绕地球运行叫月球的公转，月球公转的轨道称为白道，为椭圆形，因此月球在公转中，有时距离地球相对近些，有时相对远些。月球公转周期约为27.32个地球日，与月球的自转周期完全相等。

月球的公转和自转速度

地球公转速度是月球的30倍；地球自转速度是月球的100倍。

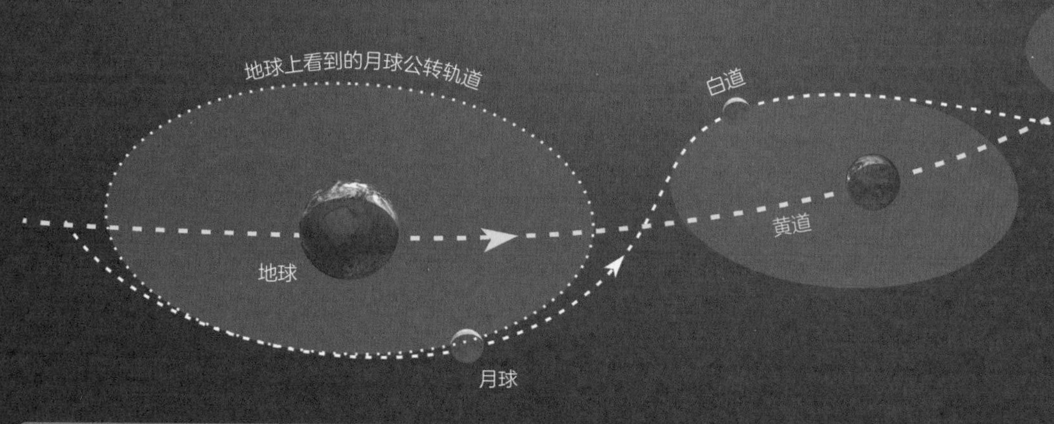

白道在黄道面上的轨迹

月球虽然绕地球运转，相对于地球，白道是椭圆形的。如果在太空观看，月球伴随着地球绕太阳运转，相对于太阳，白道不是椭圆形轨迹，而是在黄道圈内外向前移动的“S”形轨迹。

月球运行到黄道圈内是新月前后的时段，运行到黄道圈外是满月前后的时段。月食一定发生在月球运行到黄道圈外的最远点，日食一定发生在月球运行到黄道圈内的最近点。

肉眼月表观测

肉眼观测月球，无论月相是什么状态，都可以看到黑暗的月海和明亮的月陆组成的月面轮廓，但看不到月面上包括环形山在内的其他细节，这是因为圆月的视直径只有半度左右，不过是伸出的小手指头的一半大小。

小型望远镜月表观测

用小型望远镜（包括双筒望远镜）观测月球表面，观测到的月面细节会多一些，主要是能够看到密密麻麻的环形山，尤其是月球的黑天、白天交替区域，由于太阳斜射月球，环形山更加清晰明显。此外，看到的月海和月陆轮廓更加分明。

大型望远镜月表观测

大型望远镜观测月球，能够看到的月面细节相当丰富，除了能够看到更多的环形山，还能看到辐射纹、山谷等地貌，甚至可以辨别月土和月壤。大型专业望远镜能够看到人类登月留下的痕迹。

肉眼看到的月球

双筒望远镜看到的月球

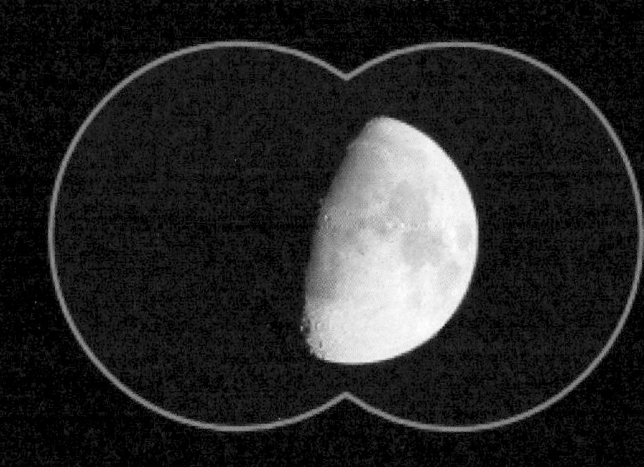

大型望远镜看到的月球

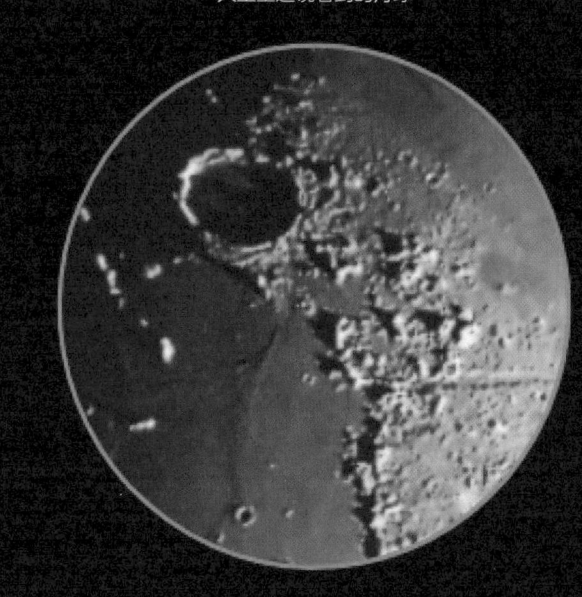

什么是月海?

月海是月面上比较平坦暗黑的区域，从地球上看像大海，月海里没有水。已知有22个月海。

什么是月陆?

月陆是月面上高出月海且比较明亮的区域，月陆上有山脉、峭壁、环形山、辐射纹、月谷。

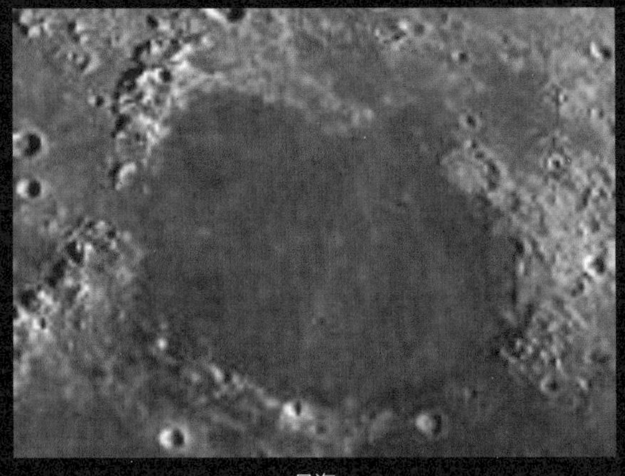

月海

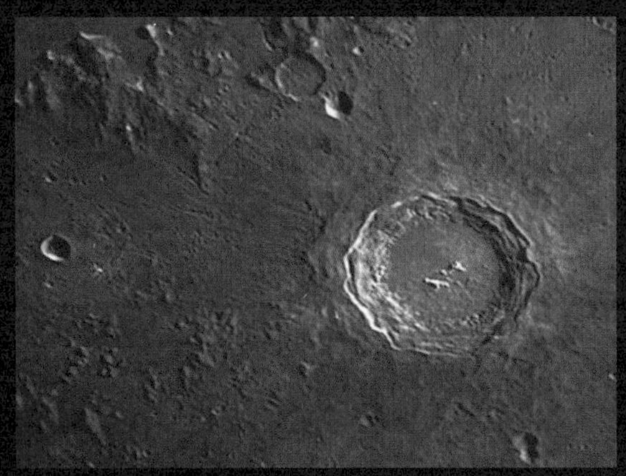

月海里的环形山

月陆

月陆上的环形山

什么是环形山?

环形山是月面的典型地貌结构，呈环状，四周高起，中间平地上常有小山，甚至大环形山套小环形山。有的环形山只是个凹坑。环形山是陨石撞击月球表面形成的。月球正面直径上千米的环形山就有30万座以上。

什么是月相?

月相是在地球上看到的月球被太阳照明部分的称呼，共有八种月相，即新月、蛾眉月、上弦月、上凸月、满月、下凸月、下弦月、残月等。我国各地区对月相的习惯称呼不尽相同。

月相是如何形成的?

月球本身不发光，我们看到发光的月球是月球被太阳照射而反光的部分，这就是月相的来源。月球绕地球运动，使太阳、地球、月球三者的相对位置在一个月中有规律地变动，因此我们能够看到周期性的月相变化，一个周期叫朔望月。

月相的观测

几乎每天我们都能看到月亮，只是在每天的同一时间看到的月亮位置和相貌不同。每天的月亮自西向东移动一大段距离，形状一天天变大，又一天天变小，这就是位相变化。

月相有哪些别称？

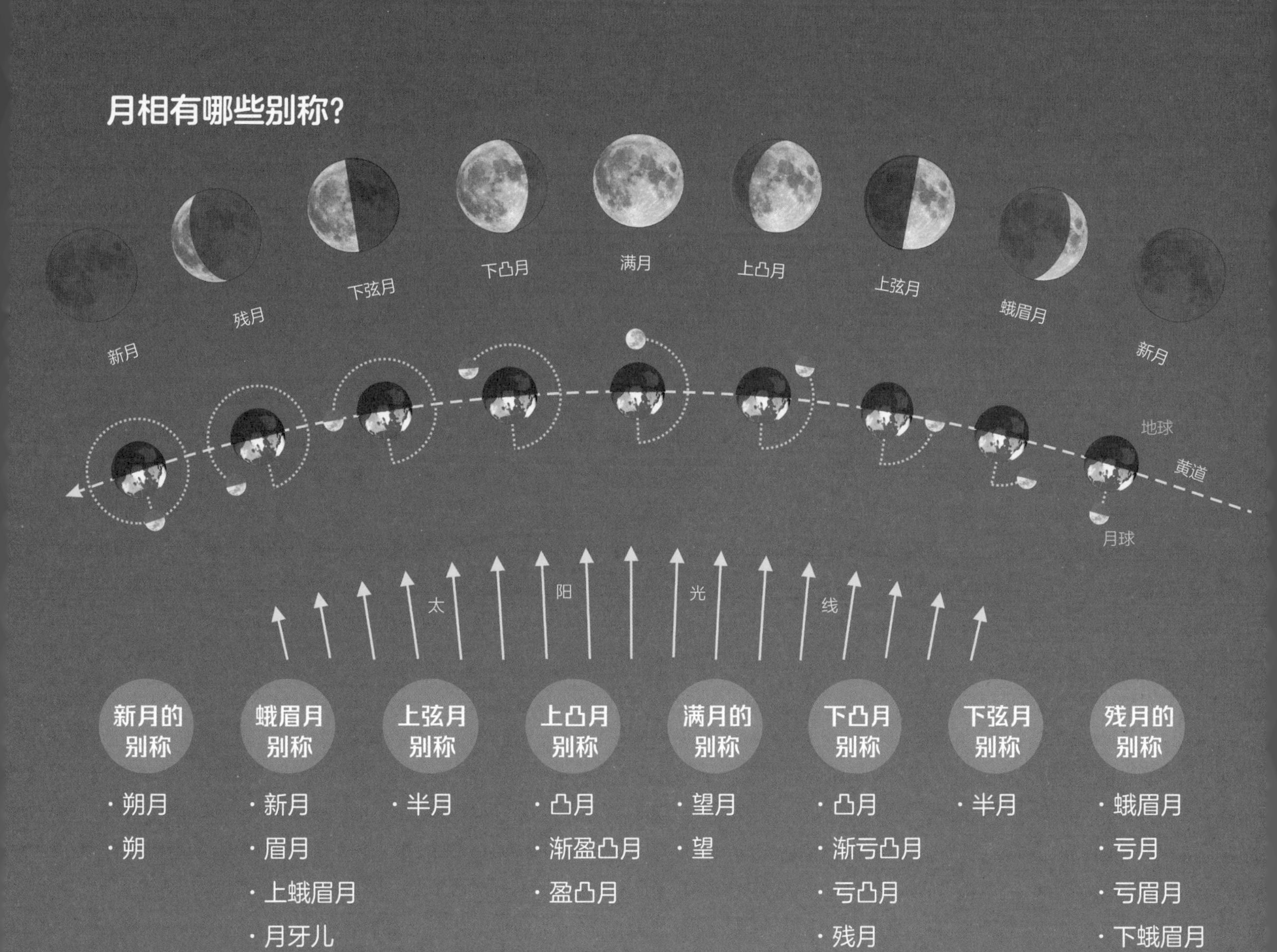

新月的别称
- 朔月
- 朔

蛾眉月别称
- 新月
- 眉月
- 上蛾眉月
- 月牙儿
- 弯月

上弦月别称
- 半月

上凸月别称
- 凸月
- 渐盈凸月
- 盈凸月

满月的别称
- 望月
- 望

下凸月别称
- 凸月
- 渐亏凸月
- 亏凸月
- 残月

下弦月别称
- 半月

残月的别称
- 蛾眉月
- 亏月
- 亏眉月
- 下蛾眉月
- 晦

什么是月龄?

月龄是指从新月起算至各月相所经历的时间。以天为单位，从新月至下一个新月的时间为29.5天。月相盈亏与月龄的对应关系为：

上弦的月龄为7.4天，满月的月龄为14.8天，下弦的月龄为22.1天。

上半月，由缺到圆，亮面在右侧；下半月，由圆到缺，亮面在左侧。

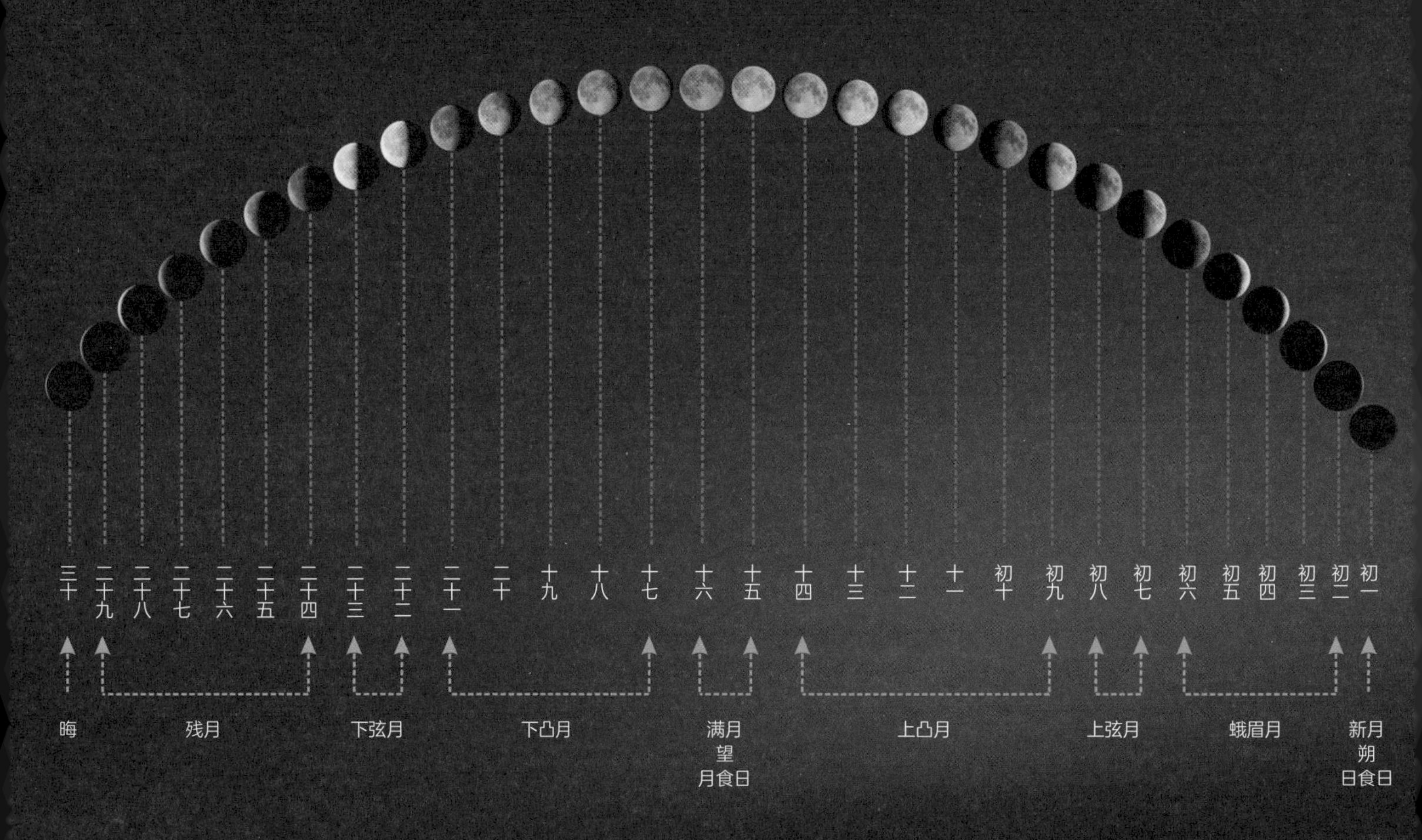

月光都是白色的吗？

月球本身并不发光，我们看到的月光来源于月球反射的太阳光，但由于反射的月光到达地球并经过地球大气时，受大气折射、月亮视位置及大气不同成分的影响，特别是在满月，除了有常见的银白色月亮外，还有微弱的黄色月亮、橙色月亮、草莓月亮，甚至出现蓝色月亮和红色月亮等。

月光变色的原因是什么？

银白色月亮	发生在晴朗的夜晚，月亮位置比较高时。
金黄色月亮	发生在多云或水汽大，或悬浮颗粒多时。
橙褐色月亮	发生在月亮刚出地平线，或水汽大时。
蓝灰色月亮	发生在雾霾、火山灰或火灾污染大气时。
红月亮	是指出现在月全食过程中，受地球大气折射形成的红色月亮。
草莓月亮	指六月出现的满月，正是草莓成熟时期，且夏至水汽大，月面呈粉红色。
蓝月亮	不是指蓝色的月亮，而是指按年划分中多出来的满月，即一个季度中出现的第三或第四个满月，或一个月中出现的第二次满月。
黑月亮	是指一个月或一个季度中多出来一个新月，也指一个月中少出来一个满月或新月。

什么是月晕?

月晕是月光经云层中冰晶的折射、反射而形成的光学现象。反射晕多为白色，折射晕为彩色。

常见的有22° 和 46° 圆月晕、假月环、月柱、假月，以及各种弧状月晕。月晕环的色序外紫内红。

月晕

什么是假月?

假月，又称幻月，有卷状云时呈现于天空，大小略如月轮的成团晕像。常与月轮同现，但其轮廓不清，略显彩色或淡白色，多见于假月环上。

天空如出现数条晕弧相交或相切处，就会出现假月晕团。

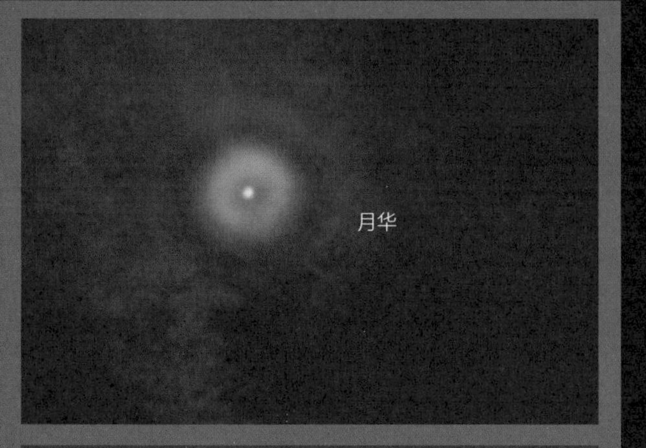

什么是月华?

月华是由于高积云中微小水滴或冰晶对月光衍射而在贴近月轮周围呈现的彩色光环。呈多层次的内紫外红。

什么是月柱?

月柱指晨昏时，月正上方或正下方出现的光柱，是由月轮上的云中冰晶的上下的反射面将月光反射入人目所形成的。

什么是月虹?

月虹是指日光射入空中水滴经折射和反射在雨幕或水雾上形成的彩色圆弧。

什么是椭圆月?

椭圆月是指月出、月落时，月光在穿过密度不均匀的大气时把月亮偏折成的椭圆形月。

月球灰光观测

月球灰光，俗称新月抱旧月，是指新月前后，月球被太阳光照亮部分呈弯钩形的细蛾眉月，但月轮的其余部分并非完全黑暗，有淡淡的灰色微光，便是月球灰光。肉眼和望远镜都可以观测到。

月球灰光是如何形成的？

月球灰光是地球反射太阳的亮光，又反射到了月球的黑暗部分而形成的。灰光通常在新月前后几天的蛾眉月或残月时段出现。月球灰光的球径略小于月牙的球径，感觉是新月抱旧月。

地球有灰光吗？

月球灰光，相当于地球夜晚的月光现象，即我们俗称的“月亮地儿”。它发生在满月前后几天。如果站在月球上看地球，就会看到地球灰光。地球不但有灰光，而且地球灰光要比月球灰光明亮数十倍。

月牙倾角的观测

同一时刻在地球上不同纬度地区看到的月牙倾角不同，原因是在高纬度地区，白道与地平线的夹角较小，月牙看起来是“站着”的，而随着纬度降低，夹角也随之变大，月牙就逐渐“躺着”甚至“倒着”了。

在地球上同一地点不同时刻看到的月牙倾角也不同，原因是白道与黄道夹角较小，阳光与白道几乎平行，月牙几乎垂直于黄道，越接近地平线，月牙与地平线的夹角越小。

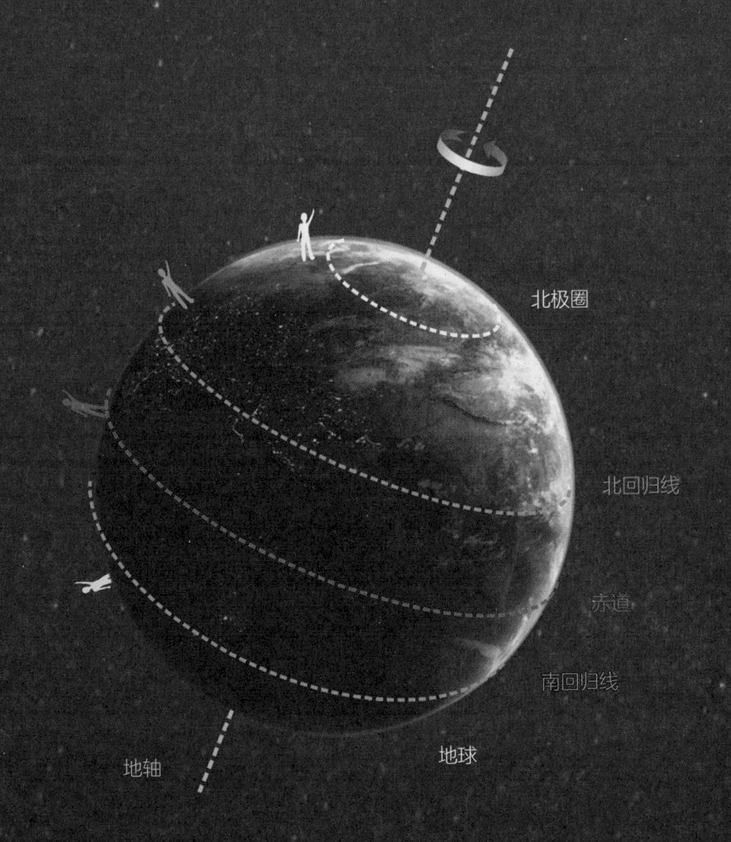

月掩行星的观测

月球处于行星与地球的中间时，便会发生月掩行星的天文现象。用肉眼可以观测到月掩水星、月掩金星、月掩火星、月掩木星和月掩土星。用望远镜还可以观测到月掩天王星和月掩海王星。

月掩金星

月掩金星，就是月亮把金星遮挡住了的现象，是一种比日食、月食更加罕见的天文现象，平均三年发生两次，而且绝大多数发生在难以观测的白天。

月掩金星只能发生在太阳升起前或降落后的金星，月掩金星的时长从数分钟到数十分钟不等。

行星合月的观测

行星合月是指行星和月亮恰巧运行到同一经度上，两者的距离达到最近的天文现象。用肉眼可以观测到水星、金星、火星、木星和土星合月，用望远镜还可以观测到天王星和海王星合月。还可以观测到两颗，甚至多颗行星合月现象，是一种相对常见的天文现象。

行星伴月的观测

行星伴月是行星运行到月亮附近的天文现象，比较常见，但两颗甚至多颗行星伴月不太常见。行星伴月视野较大，适合肉眼观测。

三星伴月

三星伴月多指三颗行星伴月，或两颗行星和一颗恒星伴月，是一种观赏性较强的天文现象。

天宫凌月

中国空间站经过月球表面的现象，从凌始到凌终不过0.45秒，因此人造卫星凌月的观测，只能通过专业望远镜视频拍摄，通过视频分帧才能欣赏到。最重要的是事先找到卫星凌月的拍摄线路，还要抓拍到短短的凌月瞬间。

什么是月食?

月食，又称月蚀，是指满月的月亮进入地球的影子，在地球上看不到月亮或只能看到一部分月面的天文现象。古人以为是月亮被“天狗”吃了，所以把月食称为“天狗吃月亮”。

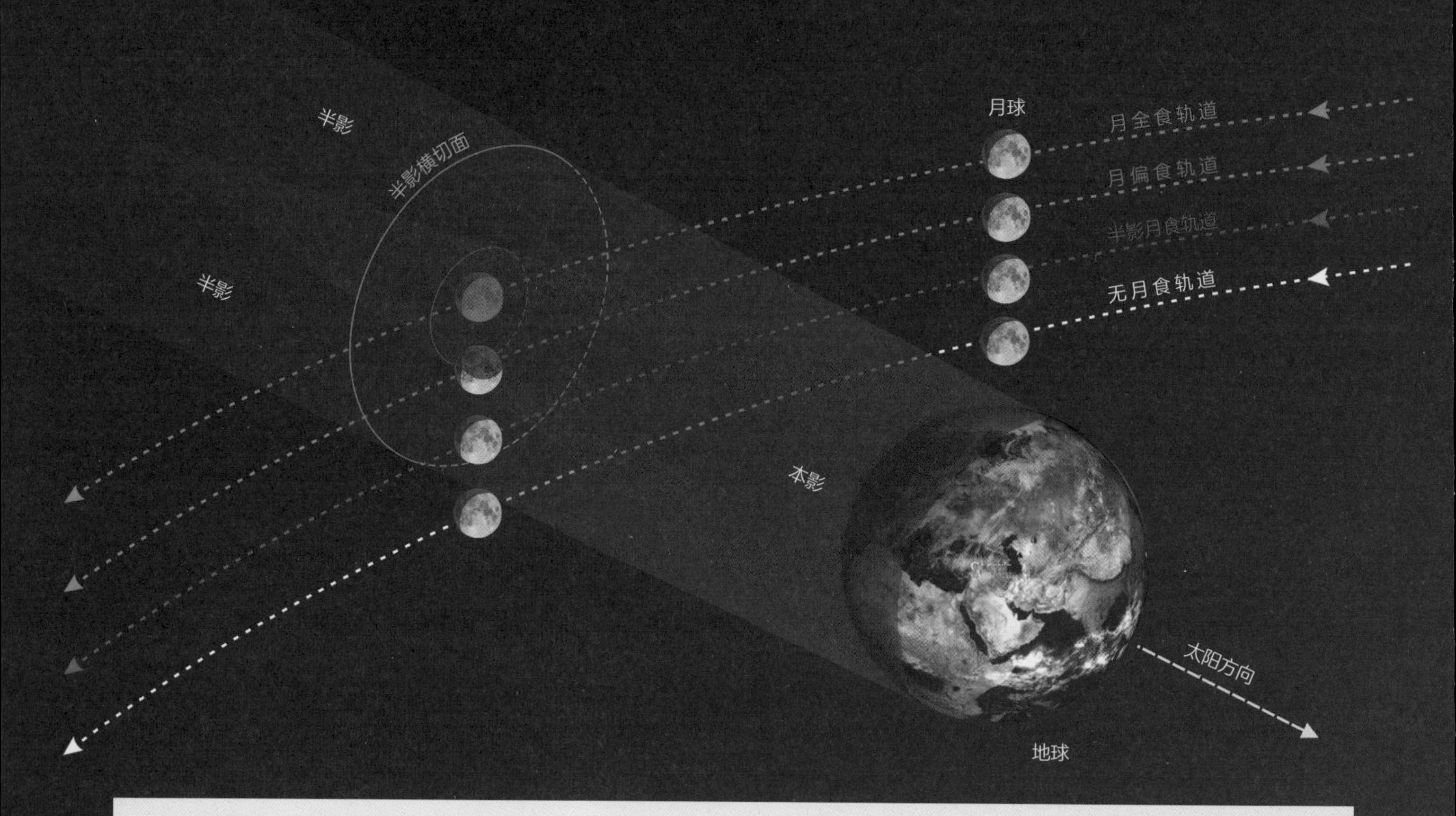

月食是如何产生的?

月食是地球运行到太阳和月球中间，地球遮挡了太阳照射到月球表面的阳光而产生的。

什么是地球的本影和半影?

地球本影是指太阳光线被地球阻挡后，所投射出来完全黑暗的区域，即完全遮挡了太阳的区域。而地球半影就是部分遮挡了太阳的区域。

月食有几种?

根据月球进入地球影子的位置不同，月食分为月全食、月偏食和半影月食。

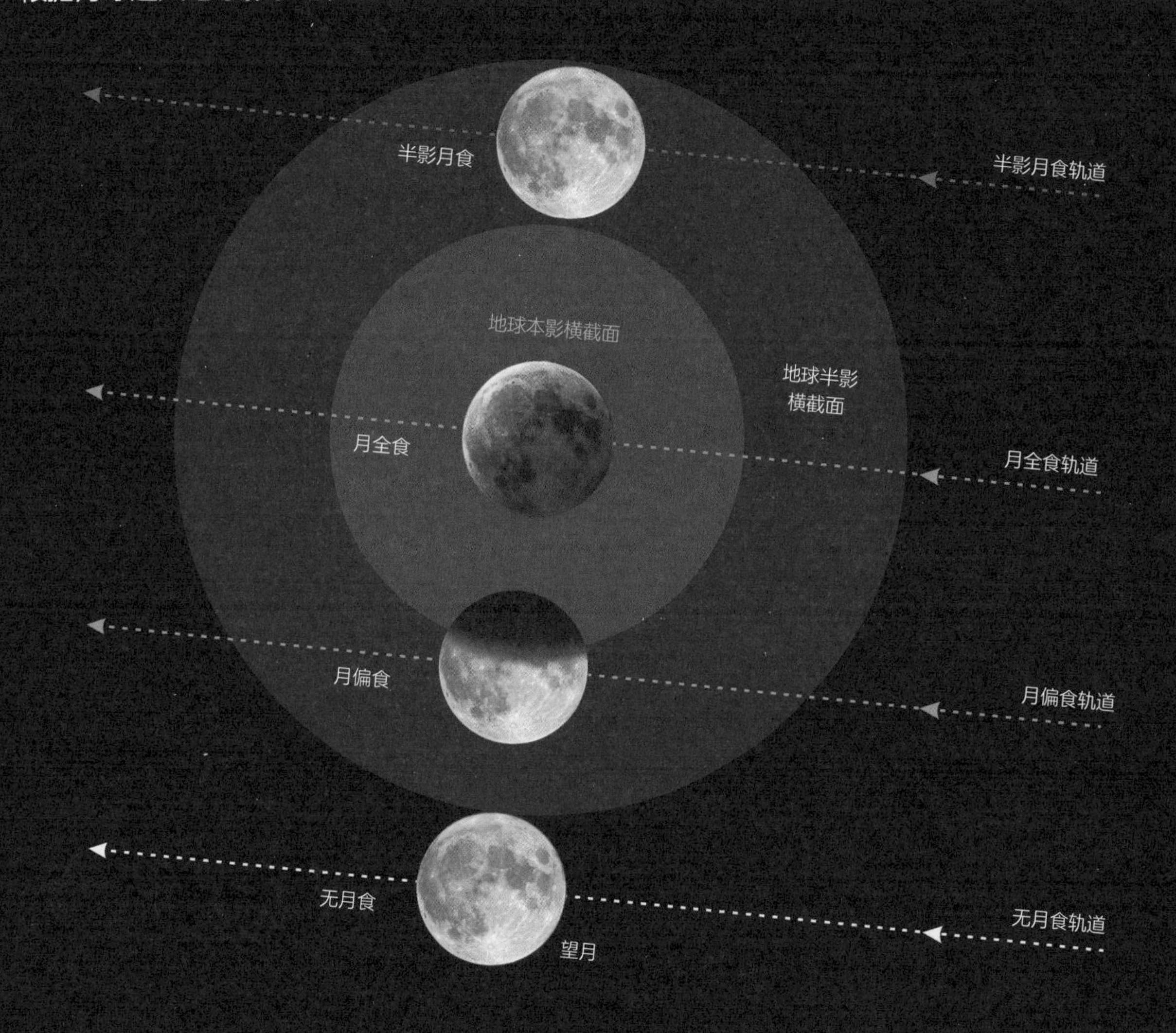

月全食

在望日，月球完全进入了地球本影区叫月全食。

月偏食

在望日，月球一部分进入地球本影区叫月偏食。

半影月食

在望日，月球只进入地球半影区叫半影月食。

为什么月全食的月亮是红色的?

月全食过程中，月亮基本不会消失不见，而是呈现以红色居多的多种颜色月面。这是地球大气把阳光进行折射和散射的结果。

被地球大气折射和散射的阳光中，红色光的波长最长，偏折最小，因此透射大气的红光能够到达地球本影范围内的月球，使月全食时的月亮变成了红色。

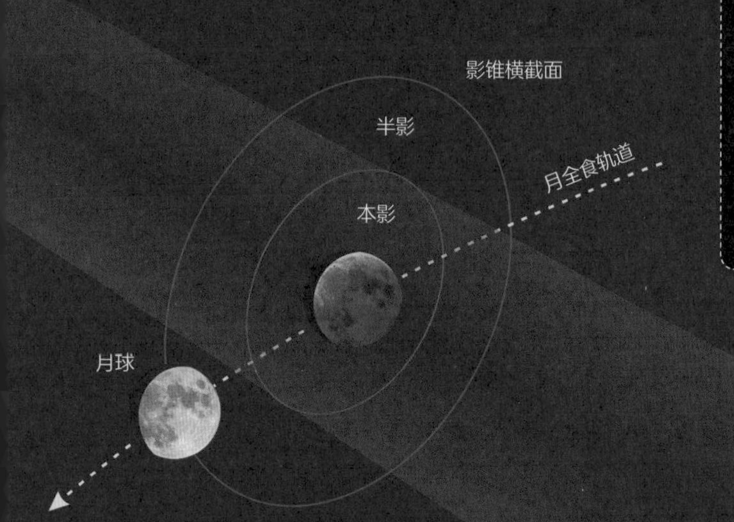

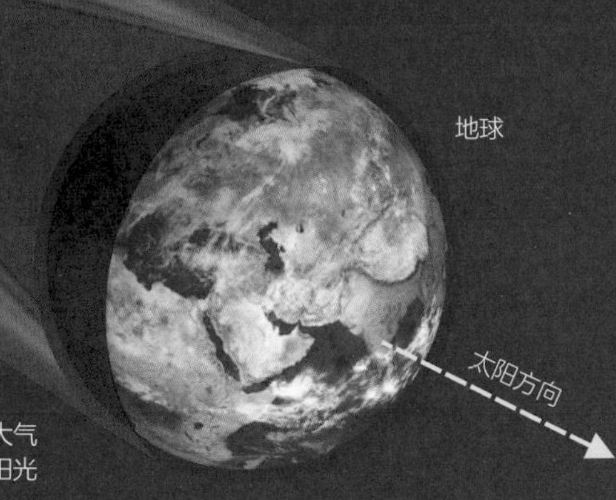

月全食的月亮都是红色的吗?

月全食时的月亮绝大多数是红色的，但也会出现其他颜色。影响月亮变“红”的主要因素如下:

（1）月球与地球的远近距离不同。

（2）月食限不同而在本影的位置不同。

（3）地球大气折射和散射阳光的情况不同。

（4）月光进入地球大气发生再折射情况不同。

什么是月全食的光度？

月全食光度是指月全食过程中月球全部进入地球本影时的光度，其参量叫丹戎数，用L表示，分为五级。由于受月球离地球远近、地球大气情况、黄白轨道交角等多项因素影响，造成月全食的光度不同，因此月全食并不都是红色的。观测实践中，非红色月全食比较少见。

全食相貌								
月面颜色	极黑色	暗灰色	暗褐色	深红色	铁锈色	砖红色	亮铜红色	橘红色
全食光度（丹戎数）	L=0	L=1	L=1	L=2	L=2	L=3	L=4	L=4
月面描述	月面几乎不可见，尤其在食甚时刻	月面细节难以分辨	月面细节难以分辨	本影中心很黑暗，外边缘相对较亮	本影中心很黑暗，外边缘相对较亮	月边亮白或黄色，细节可见但模糊	月面略带蓝绿边，可见大月面细节	月面略带蓝绿边，可见大月面细节

什么是月食食相?

月食食相是指月食时地球本影与月面相切和掩蔽的现象或时刻。

月全食有五相：初亏、食既、食甚、生光、复圆。

月偏食有三相：初亏、食甚、复圆。

月全食食相

初亏 月食开始的时刻，月面东边缘与地影西边缘外切。

食既 月全食开始时刻，月面西边缘与地影西边缘内切。

食甚 月全食最甚时刻，月面中心与地影中心最近时刻。

生光 月全食结束时刻，月面东边缘与地影东边缘内切。

复圆 月食终了的时刻，月面西边缘与地影东边缘外切。

月偏食食相

初亏 月偏食开始的时刻，月面东边缘与地影西边缘外切。

食甚 月偏食最甚的时刻，月球中心与地影中心最近时刻。

复圆 月偏食终了的时刻，月面西边缘与地影东边缘外切。

什么是食分?

食分是表示太阳或月亮被食程度的量，但不是指被遮挡的面积大小，而是指被食的直径长短。食分越大，被食的程度越大。

什么是月食食分?

月食食分是指食甚时月轮进入地球本影的最大深度与月轮角直径之比。食分越大，月轮被食的程度就越大。月偏食的食分小于1，月全食食分大于1。

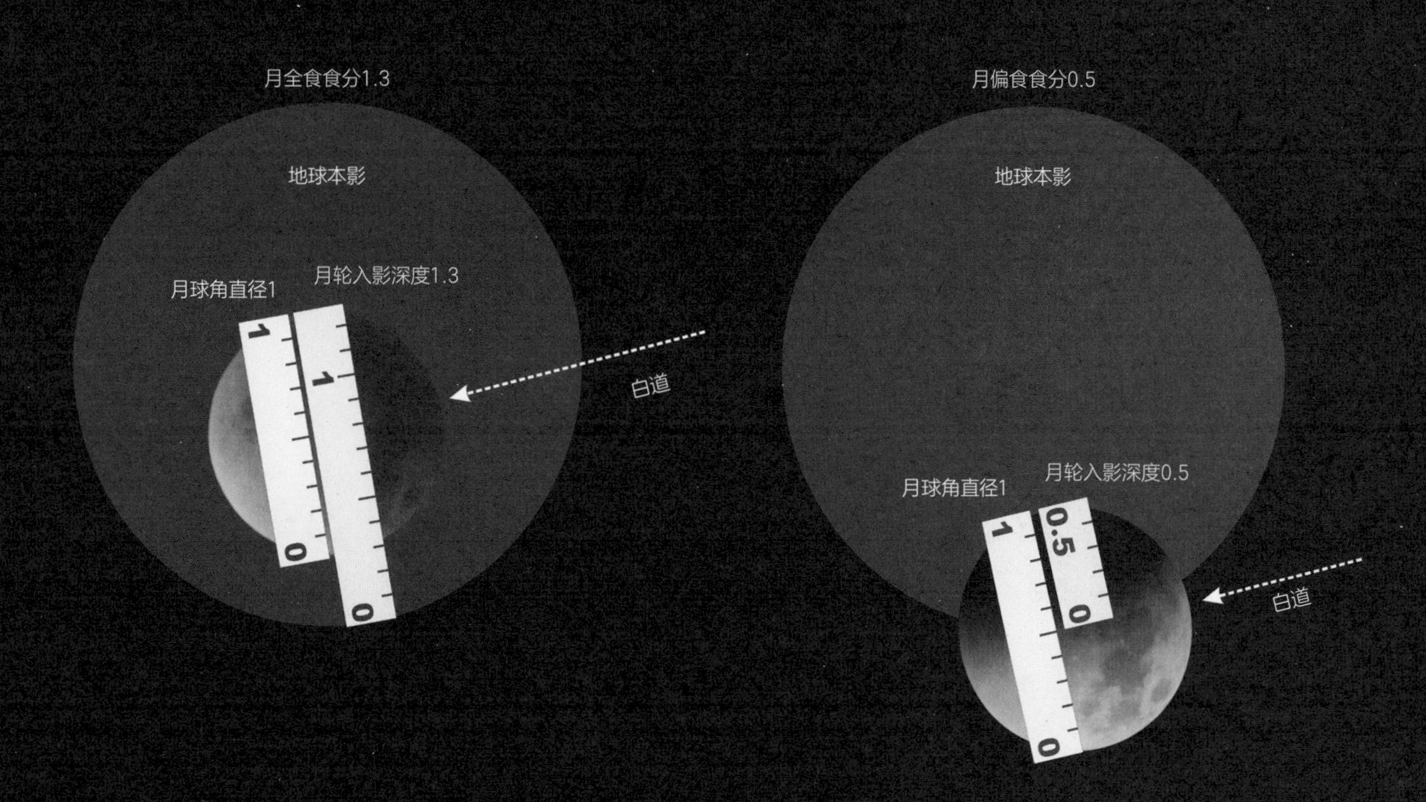

月偏食为什么不是红色的?

月全食时的月面是红色的，而月偏食时的月面却一半黑一半白，包括月全食过程中的偏食阶段也是一半黑一半白。这是由于月偏食时没有进入地球本影的月面仍然非常明亮，影响了月面黑暗部分本该显现的红光观测。

地球上只能看到一半的月球吗?

月球总是一个面对着地球，在地球上永远看不到月球的背面。但看到的月球表面并不是月球面积的50%，而是月球面积的60%左右，其实我们多看到了月球10%的面积。

为什么能够多看10%的月球面积?

在地球上能够多看月球10%面积是因为月球存在天秤动，即月球不总是完全正面地面向地球，而是微微地上下左右摇晃着面向地球。它是由于月球椭圆公转轨道、白道黄道存在夹角和观测地点不同形成的。

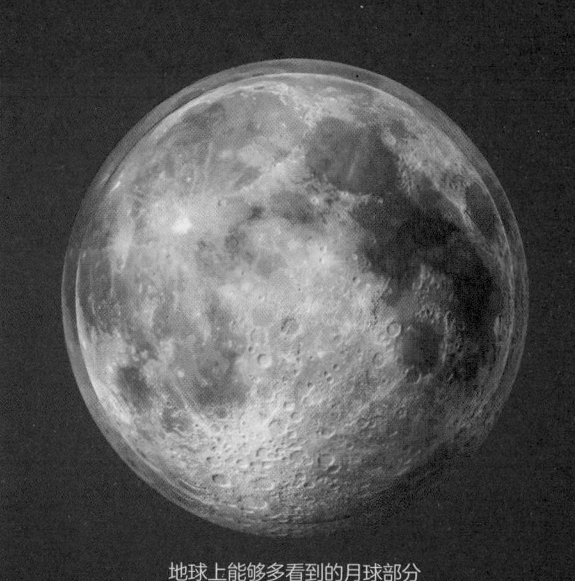

地球上能够多看到的月球部分

可看见较多北极部分

北

黄道面

5.15°

白道面

地球

南

可看见较多南极部分

可看见较多月球东侧部分

可看见较多月球西侧部分

地球

白道

月球大小观测

月圆时视面最大。由于月球的公转轨道是椭圆形的，因此月球到地球的距离时近时远，距离最近和最远的圆月，大小和亮度是不同的，因此民间有所谓“超级月亮”之说。但距离地球最近和最远的圆月，肉眼几乎难以分辨，因为没有一大一小两个月亮的比较。

观测圆月大小和亮度变化，欣赏“超级月亮”，需要进行拍摄比对，或使用专业设备观测。

什么是“超级月亮”？

“超级月亮”不是天文学词汇，是指距离地球最近的满月或新月。

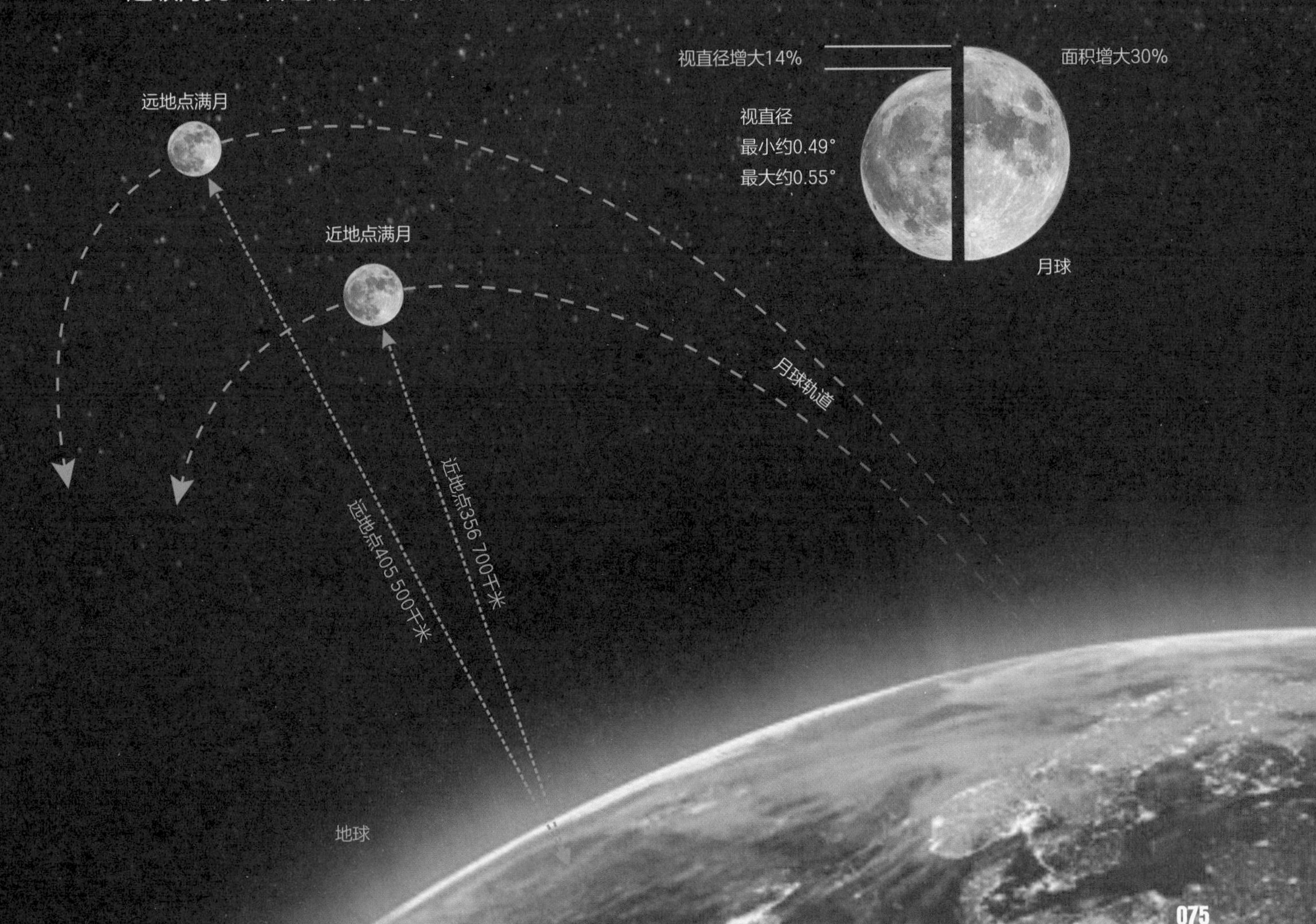

人在月球上会掉下来吗?

人到月球上与在地球上一样是不会掉出去的。因为月球与地球一样有引力。但地球的引力是月球引力的6倍。

月球上为什么没有大气?

月球质量小，引力小，不足以把气体吸附在月表，气体会逃脱月球进入太空。月球上没有大气，也就不存在风云雨雪。

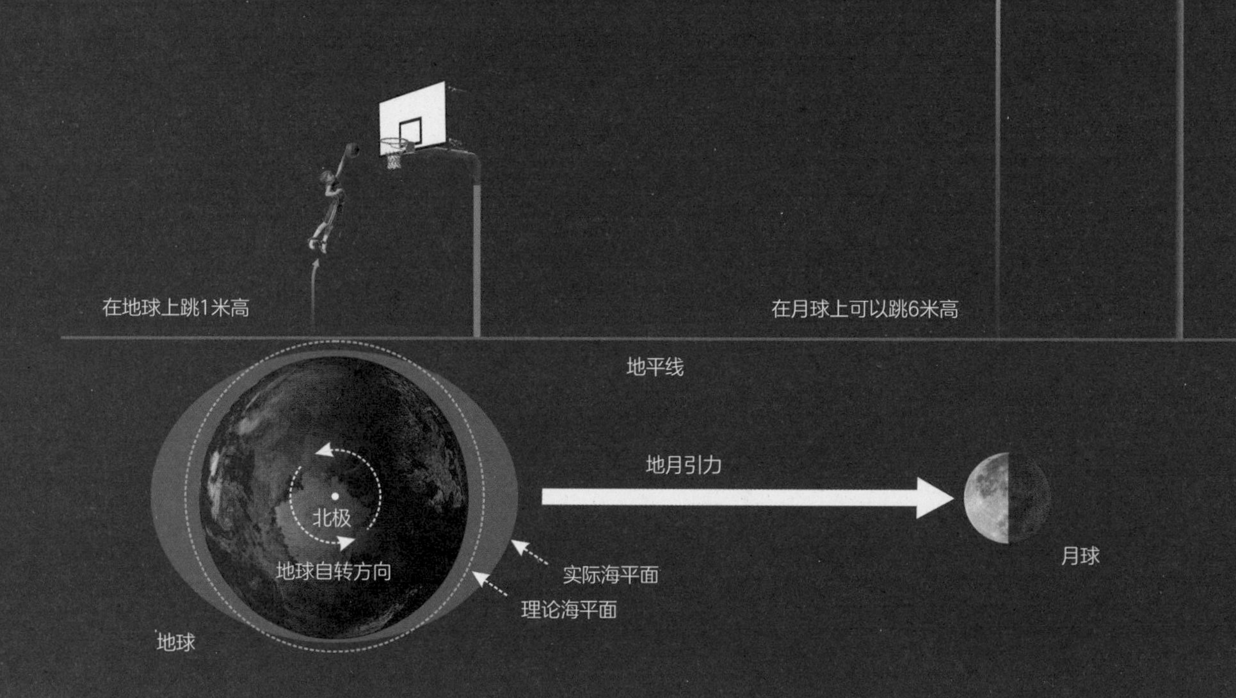

月球引力对地球有影响吗?

月球引力对地球的影响较大。在月球引力的作用下，地球的岩石圈、海水圈和大气圈都会产生运动和变化，其中海水涨潮落潮现象最为明显，称为潮汐。而地面微微起落与大气薄厚变化，我们感受不到。

在月球上看地球有多大?

在月球上看地球，比在地球上看月球要大得多。因为地球直径约12 756千米，而月球的直径只有3 476千米，地球直径约是月球直径的4倍。

地球的直径是月球直径的4倍

地球能够装下多少个月球?

地球的体积约为1083.21 $\times 10^9$千米^3，月球的体积约为21.99 $\times 10^9$千米^3，地球可容纳49个月球。

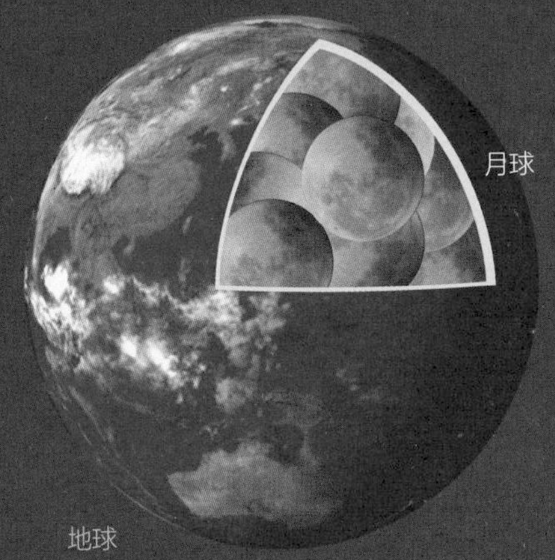

地球能够装下49个月球

地球比月球重多少倍?

月球的质量为73.49 $\times 10^{18}$吨，地球的质量为59.65 $\times 10^{20}$吨，地球的质量约是月球的81倍。

1个地球等于81个月球的质量

月球是离地球最近的天体

月球是距离地球最近的天体，在地球上发出一束光，只需1.28秒就可以到达月球。如果分别按下列速度用步行、骑自行车、驾驶汽车、乘飞机、搭火箭的方式前往月球，其大约花费的时间如下：

步行速度5千米/时
约走九年

自行车速度30千米/时
约骑一年半

汽车速度80千米/时
约开200天

只需1.28秒
光速约为30万千米/秒

约飞20天
飞机速度800千米/时

约用10小时
火箭速度4万千米/时

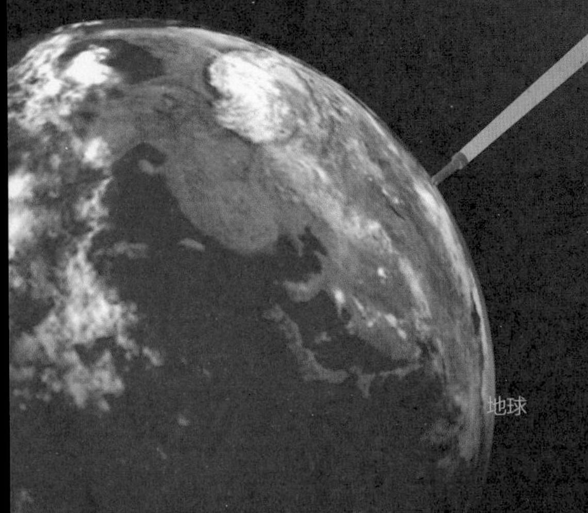

距离地球最近的天体是月球，月球是地球的一颗卫星；
距离地球最近的行星是金星，金星是太阳系的行星之一；
距离地球最近的恒星是太阳，太阳是太阳系的中心天体。

太阳观测

太阳

太阳是太阳系的中心天体，是一个炽热的气体星球，是距地球最近的恒星。太阳的质量占太阳系总质量的99.86%。太阳巨大的引力，使太阳系内所有天体（包括地球在内的行星等）绕其公转。太阳，中国古称白驹、金虎、赤乌、金乌、金轮、火轮等。

太阳观测包括哪些内容?

太阳与月球一样，是我们观测最多的天体，观测的内容十分丰富。肉眼观测包括日食、凌日、太阳与大气形成的视大小、椭圆日、霞光、霓虹、日华、日晕、假日、日柱、宝光、绿闪等现象，用专业望远镜还可以看到太阳黑子、米粒组织、日珥、耀斑、太阳风、日冕等天文现象。

太阳是由什么组成的？

太阳是由氢核聚变成氦核的热核反应而产生巨大的能量，以辐射和对流的方式由内部转移到表面，再由表面发射到宇宙空间。

太阳会自转吗？

太阳的自转比较特殊，不同的纬度自转速度不同，从赤道至极点自转周期为25.38～34.4天，纬度越高自转越慢，赤道自转最快，两极自转最慢，为较差自转。

太阳的自转方向与地球的自转方向相同，一般把日面接近赤道处的自转周期25.38天定为太阳的自转周期。

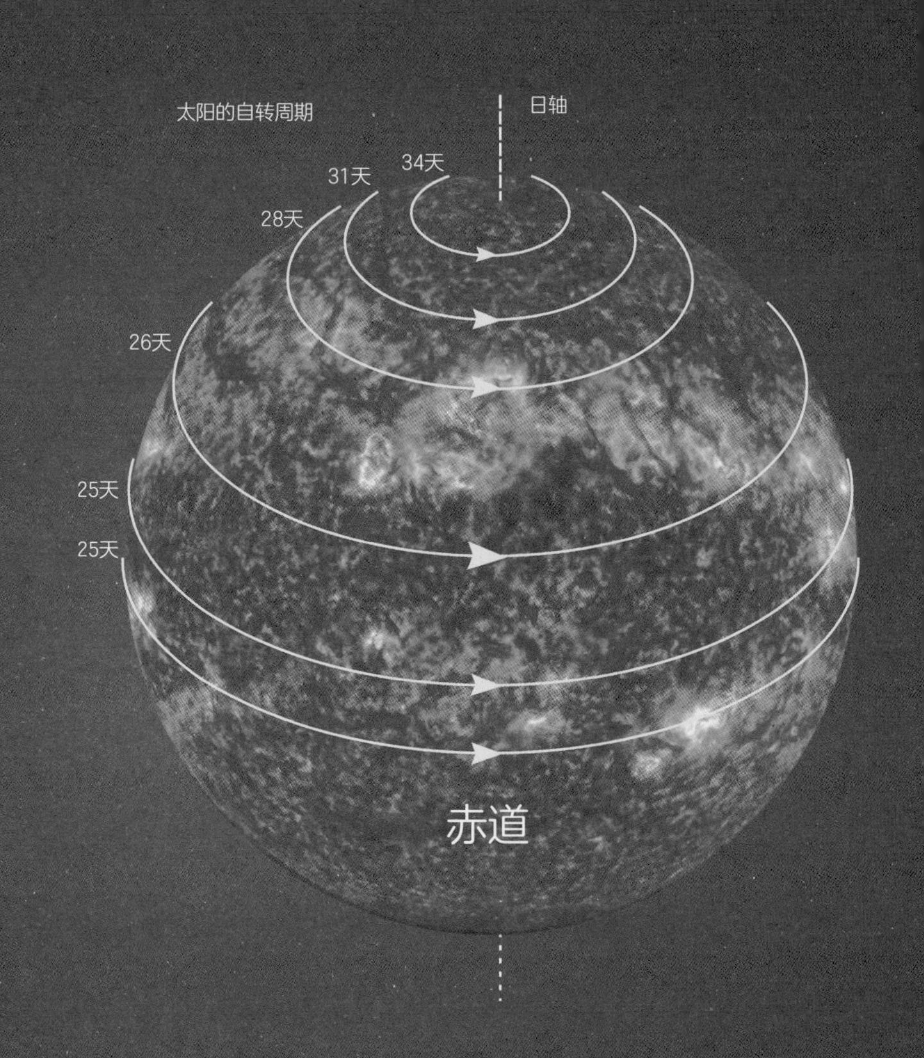

太阳的数据

日地均距：14 959.78万千米

太阳直径：139万千米

太阳体积：1.41×10^{18}千米^3

太阳质量：1.988×10^{30}千克

平均密度：1.41克/厘米^3

太阳温度：表面5 777开，中心1.57×10^7开

自转周期：25.38天（赤道）～34.4天（两极）

公转周期：绕银心2.25亿～2.5亿年

日轴倾角：7.25°

太阳的结构

太阳的内部结构，从里到外是核心、辐射层、对流层。太阳的外部结构，从里到外是光球层、色球层、日冕层。太阳的表面特征，主要有黑子、耀斑、日珥、米粒组织等。

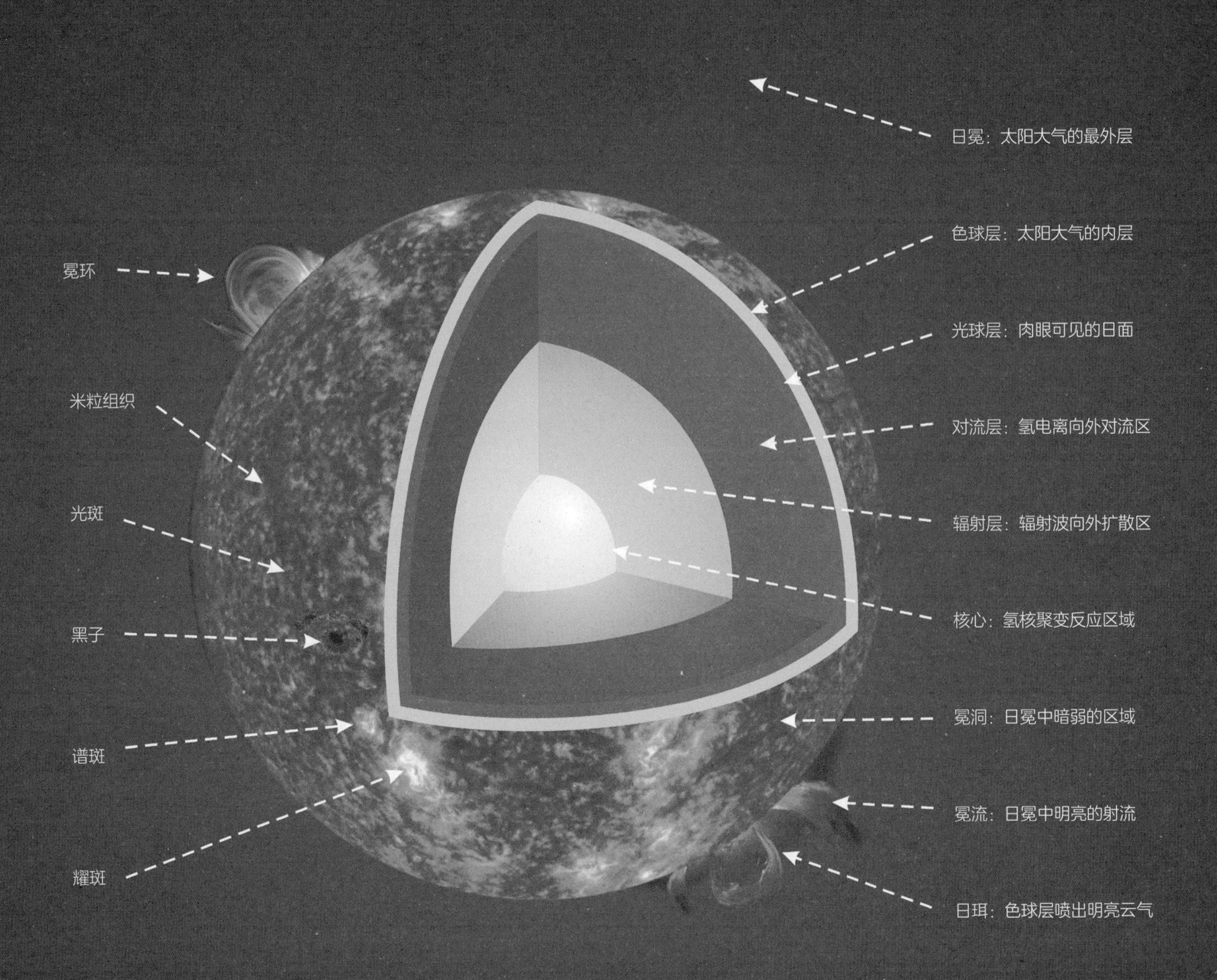

什么是日冕?

日冕是太阳大气的最外层，延伸到几个太阳的半径。由质子、高度电离的离子和自由电子组成。日冕极不均匀，有冕环、冕洞等结构。此外还有冕流、极羽、盔状物和日冕物质抛射等。

日冕

日冕的形状

在太阳活动极小期，日冕出现在赤道地区，高纬度变小，两极出现冕洞，呈椭圆形；在太阳活动极大期，无论是赤道还是两极都很明显，呈圆形。

日冕的密度、温度和亮度

日冕的密度极其稀薄，温度超过1 000 000开，亮度为光球的百万分之一，几乎与满月的亮度相同。

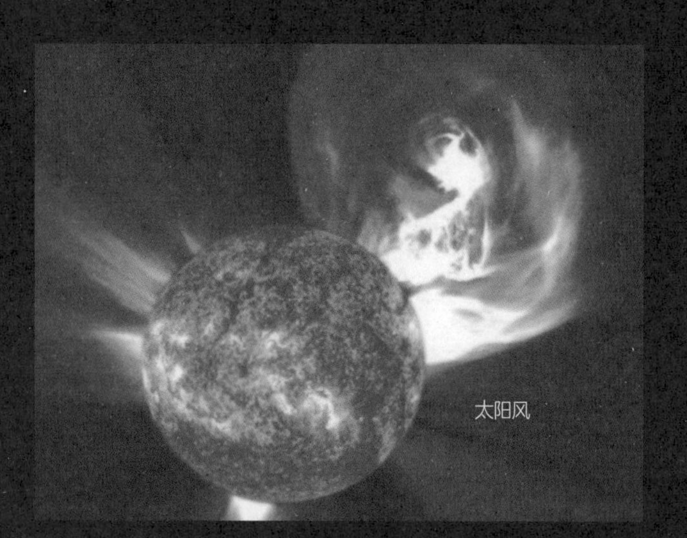
太阳风

什么是太阳风?

太阳风是源自日冕因高温膨胀而不断向空间抛出的粒子流。由电子、质子和少量重离子组成。日冕物质抛射时所喷射的粒子也是重要的太阳风源。太阳因此每年约损失太阳质量的33.3万亿分之一。

太阳风质子、温度和速度

太阳风的物理参数随太阳活动位相的变化而变化，在地球附近的行星际空间每立方厘米所含质子数5～10个，质子温度约10万度。

慢风的典型速度为300～500千米/秒，来自冕洞的快风典型速度约750千米/秒。

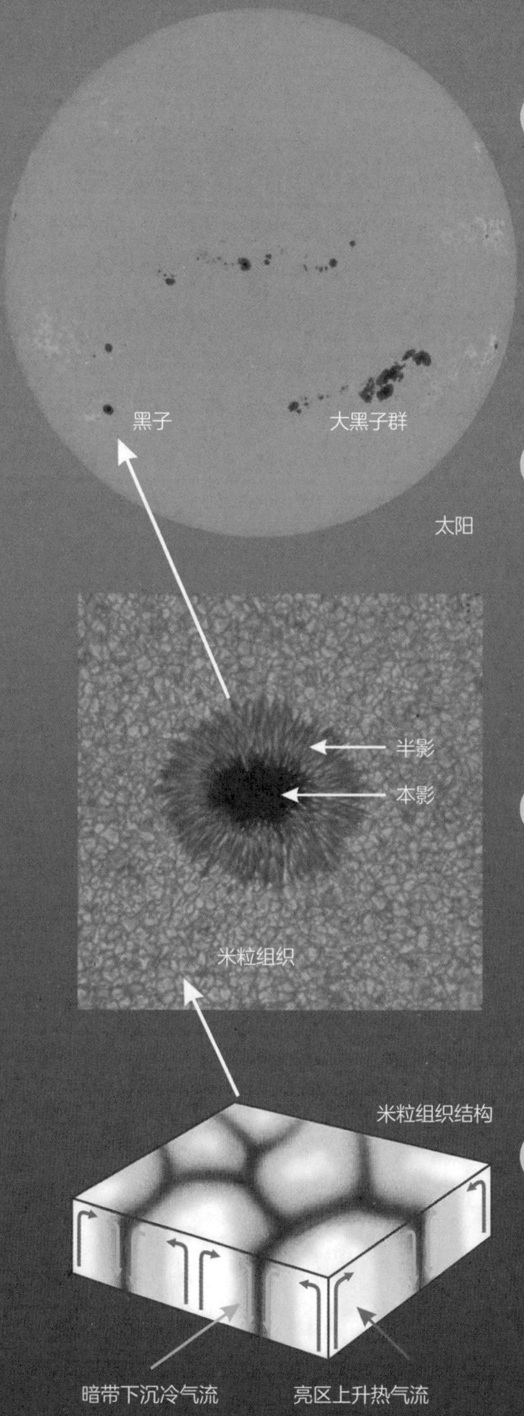

黑子 大黑子群

太阳

半影

本影

米粒组织

米粒组织结构

暗带下沉冷气流 亮区上升热气流

什么是太阳黑子？

太阳黑子是指太阳光球层上的暗黑斑点。因为温度比光球低，便成为暗淡的黑斑。黑子中心有一个暗黑的核，称为本影，核的周围是比较亮的半影。大黑子群的出现常预示耀斑和日冕物质抛射等剧烈活动，导致地球上发生磁暴和电离层扰动。

黑子的磁场、寿命和周期

黑子常成对出现，具有相反的磁极，其磁场强度可达零点几特，黑子的寿命一般为数天到数周，少数大黑子可存在数月之久。黑子数量的变化周期约为11年，加入磁场性变化因素，则周期为22年甚至更长的周期。

什么是米粒组织？

米粒组织是指太阳光球层上的一种日面特征，呈米粒状的明亮斑点。米粒组织是光球下面气体对流所造成的现象，太阳表面的冷气流是从米粒组织之间的暗带下沉的，热气流是从米粒中心的亮区向上流动的。

米粒组织的温度、亮度和寿命

米粒的温度比米粒际的温度高、亮度强，寿命约10分钟。光球下的大型对流单元，往上逐渐分裂，到表面时成为我们观测到的超米粒组织。超米粒组织的寿命约1天或更长，超米粒组织与米粒组织之间的层次结构模型还没有被证实。

什么是日珥？

日珥是由色球喷出的明亮云气，貌似太阳边缘的突出物，呈多种形状。日珥投影在日面上时表现为暗条。日珥的多少与太阳活动强弱有关，周期约为11周年。

日珥的类型、寿命和强度

根据运动和形态特征，日珥分为宁静日珥、活动日珥和爆发日珥等类型。宁静日珥的寿命从几周到几个月不等，活动日珥和爆发日珥只有几分钟至十几小时。活动日珥的磁场强度比宁静日珥的磁场强度大十几倍。

日珥

什么是太阳耀斑？

耀斑是太阳大气中局部区域亮度突增的活动现象，多用氢单色光和X射线观测到，极少数用白光也能观测到的称为白光耀斑。多数耀斑可能发生于低日冕区，大多由活动区磁场相互作用或由耀斑下面上浮的磁环与原先存在的磁环相互作用等所引起。

耀斑的寿命、强弱和周期

耀斑的寿命从几分钟到数小时不等，按观测方式不同耀斑的面积和强度分为五级，太阳黑子多时耀斑出现也多，也有11年的周期性。

耀斑出现时常抛射出大量的高能电子和质子，发出很强的紫外线、X射线和射电暴，有时伴随日冕物质抛射，会引发地球上的磁暴、极光和短波电信中断等现象，有时甚至会使γ射线和宇宙线的强度增加。耀斑产生的高能粒子辐射和短波辐射对载人宇宙航行有一定的危害。

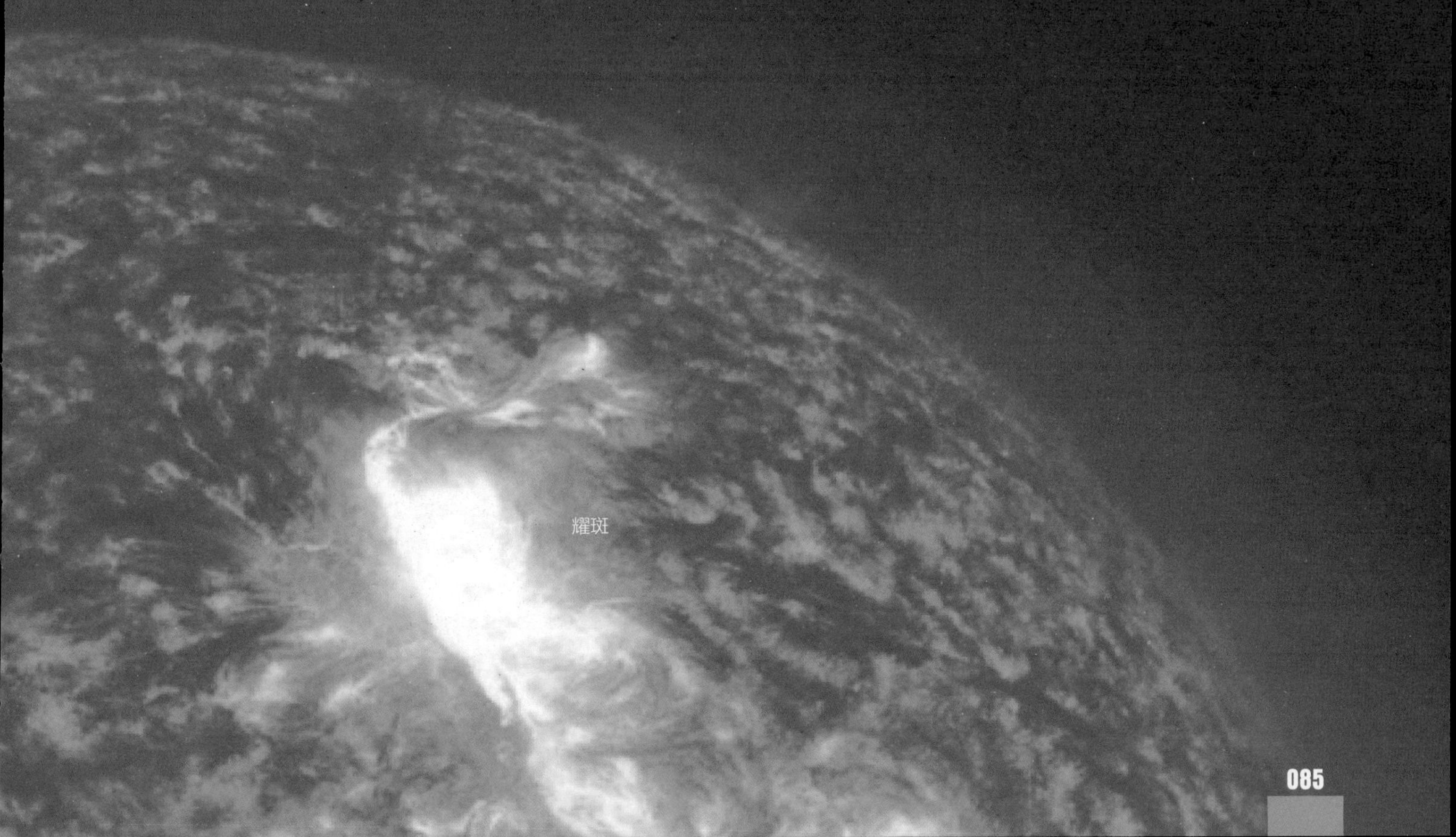

耀斑

为什么白天天空是蓝色的?

阳光是由赤、橙、黄、绿、青、蓝、紫七色组成的，其中的紫、蓝、青、绿色光波长短，折射大，被大气折射和散射到空中了，因此天空看起来就是蓝色的了。

没有大气，天空是什么颜色的?

地球如果没有大气，白天的天空不是蓝色的，而是黑色的太空，与黑天看到的差不多，也是漫天星斗，因为不存在大气折射和散射。

太空为什么是黑色的?

太空浩大，太空中的恒星，包括太阳，所发出的光亮不足以照亮宇宙空间，所以太空看上去是暗暗的黑色。

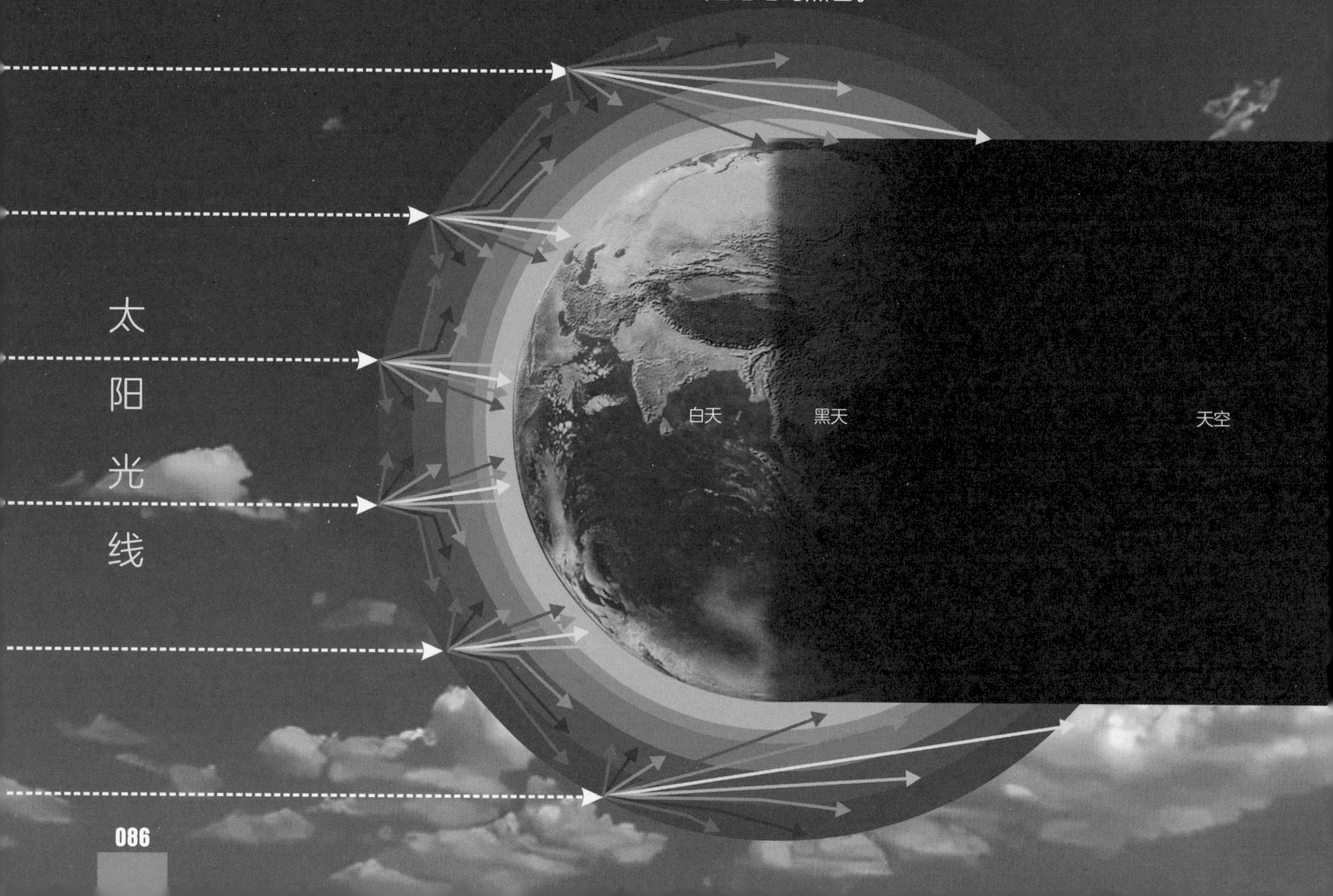

霞光

霞光指日出、日落前后天空或云层上出现的彩光。早晚太阳七色光中的紫、蓝、青、绿色光被大气散射后，能够穿透大气的只有红、橙、黄色光，因此形成了美丽的霞光。

什么是椭圆日？

大气密度并不是均匀分布的，日出和日落时，光线在穿过大气时，密度大的地方偏折得厉害，太阳下缘的大气密度大，被折得更加弯曲，使得太阳呈现椭圆形。

大气折射能把落日“压”扁20%左右，在飞机上观看甚至超过60%。

霞光产生示意图

晚霞

太阳光线

地球北极

早霞

椭圆日

什么是日柱?

日柱是指晨昏时，太阳正上方或正下方出现的光柱，是由日轮同一地平经圈上的云中冰晶的上下的反射面将日光反射入人目所形成的。

上下日柱

高度角大于日轮的冰晶，其下表面的反射光形成上日柱。高度角小于日轮的冰晶，其上表面的反射光形成下日柱。由于冰晶上下反射面的平衡性摆动，使日柱具有一定的模糊宽度。由于在晨昏时分，日光均较弱，故呈微红淡白色。

什么是绿闪?

绿闪是指晨昏时最早或最后一缕日光受大气折射色散后投入人目的瞬间绿光。因阳光来自地平线，通过密度不同的多层大气时不断被折射，波长较长的色光（如红黄色光）被氧气、臭氧等吸收，仅余下绿色光。有时太阳在山坡或建筑物上缘仅露出一线时，也能出现绿闪。

绿闪

日柱

早晚的太阳比中午太阳大吗？

早晚的太阳看上去确实比中午的太阳大，这是一种视觉现象，而太阳的实际大小是不变的。

为什么早晚的太阳大？

早晚的太阳看着大，主要是由于大气折射、背景色视觉偏差、蓬佐错觉和云层面视差等因素造成的。

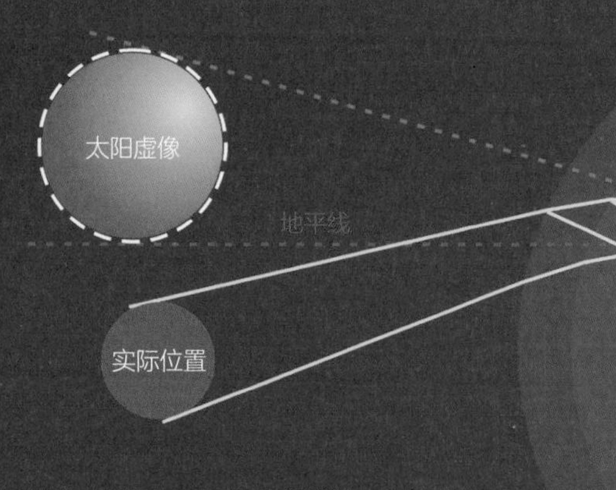

大气折射

大气的折射会使阳光偏离直线传播，人们看到的日出和日落是太阳被放大的虚像，此时的太阳还处在地平线以下。

背景色视觉偏差

黑球、白球和黑框、白框大小相同，人的视觉在黑色背景下的白球要比白色背景下的黑球大，白框比黑框大。

蓬佐错觉

同样大小的物体，与大物体比照则视差小，与小物体比照则视差大。早晚的太阳接近地平线，以地面物体为参照物，中午的太阳则以整个天空为参照物。

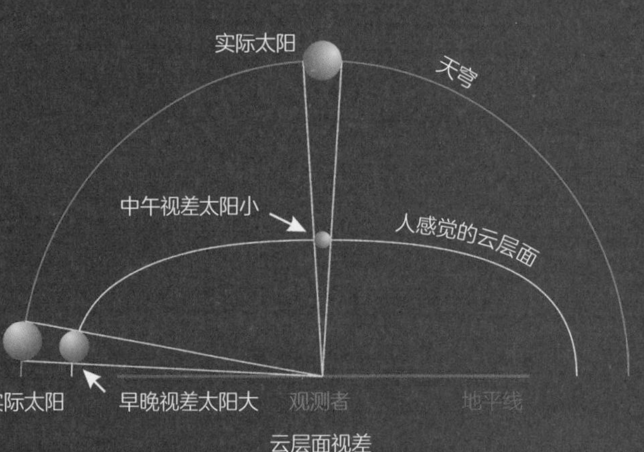

什么是霓和虹?

虹是指日光射入空中水滴经折射和反射在雨幕上形成的彩色圆弧。虹有主虹和副虹，副虹为霓，如果同时出现，虹在内侧，霓位于外侧。

副虹（霓）
视半径 60°
内红外紫

主虹
视半径 42°
外红内紫

主虹和副虹

主虹是经一次反射和两次折射而被分散为各色光线所成。色带排列是外红内紫，常见的视半径为42°。

副虹或霓，是经过两次折射和两次反射而被分散成各色光线所致。光带色彩不如主虹鲜明，色彩排列与主虹相反，为内红外紫。

虹（jiàng）的分类

虹，有两个读音，一个是虹（hóng），一个是虹（jiàng）。同字不同音不同义。虹（hóng）带不能贯穿日轮，而虹（jiàng）带能够贯穿日轮。虹（jiàng）是大气光象的一种，分为两类：

第一类虹属于反射晕现象，可分为横贯日白虹（假日环）和纵贯日的白虹（日柱）；

第二类虹又称为青白虹，是指晨昏时地平线下日光从云隙或山谷间隙中漏向天空形成的明暗相间扇骨状光条，暗条为阻挡的光影，明条为漏出的日光，即云隙光和反云隙光。

日华

什么是日华？

日华是出现在云层上、紧贴太阳周围的内紫外红的彩色光环。有时可出现多个同心环层。

日华是如何形成的？

日华是由太阳光线经过云内小水滴或冰晶衍射所致。由于太阳光芒强烈，人们难以正对日轮观察日华。水滴或冰晶大时，华环就小，视半径一般为1°～5°。

华盖：云层上紧贴太阳边缘的光环。轮廓不甚规则，内青外棕，常是日华最内圈，视半径小于5°。

华采：指较大华环的一段或几段所组成的彩色光带。彩色以绿色和粉红色居多，常出现在薄的中云或高云上。

什么是日晕?

日晕是晕的一种，反射晕多为白色，折射晕为彩色。常见的有22°和46°圆日晕、假日环、日柱、假日，以及各种弧状日晕。

日晕是如何形成的?

日晕是日光经云层中冰晶的折射或（和）反射而形成的光学现象。日晕多发生在卷层云上，呈环形圆晕、弧形的珥、光斑形的假日等多种。

日晕环的色序排列外紫内红。

日晕

什么是对日晕?

对日晕

对日晕是出现于太阳相对的天空以对日点为中心的圆晕，是日光经过云中冰晶上表面折射入冰晶，又在侧面受内反射，再在下表面折射出冰晶，最后进入人目而形成的。晕环中心与人目和日轮中心在同一直线上，晕的视半径约20°或更小。色序外红内紫，晕环随日上升而下降，随日下降而上升。冬有冰晶云雾时，如有宝光出现，则宝光伴现的大光环常为对日晕，而不是虹。

什么是假日？

假日，又称幻日，有卷状云时呈现于天空，大小略如日轮的成团晕像。它常与日轮同现，轮廓不清，略显彩色或淡白色，多见于假日环上。天空如出现数条晕弧相交或相切处，就会出现假日晕团。曾出现过“十日并现”的奇观。

什么是假日环？

假日环是指横贯日轮以天顶为圆心的白色晕环，常在能透现日轮的冰晶云层上出现。

假日环横贯日轮，而日柱为纵贯日轮。横贯日轮的反射晕环与其他晕相交，并在相交处显现出假日，有形成于地平晕环上的近假日、22°假日、46°假日、120°假日、180°假日。

正是由于这个白色晕环周围分布许多近远假日，所以被称为“假日环”。

什么是宝光?

宝光是太阳相对方向处的云雾上出现的围绕人影的彩色光环。宝光中间的影为观测者自己的身影。航行在云幕上，偶尔也可见飞机影子形成的宝光。宝光色序内紫外红，视半径小于20°。

宝光是如何形成的?

宝光是光的衍射把人影投映到云雾幕上而成的。宝光在液滴或冰晶组成的云雾幕上均可出现，但当云雾为液滴组成时伴见的大光环为虹，而当云雾为冰晶组成时则为对日晕。宝光多见于云雾缭绕的峨眉山，在雾气条件相同的其他山地也可见到。

什么是云隙光？

云隙光是指从云雾的边缘射出的阳光，照亮空气中的灰尘而使光芒清晰可见，是常见的大气现象。

什么是曙暮辉？

曙暮辉是日出前和日落后短时间内太阳射出的光辉。这种光是由云缝或不规则地平线的空隙射出的日光被大气散射所形成的。

云隙光是如何产生的？

云隙光的产生条件是，大气中水汽与灰尘适当，云或雾遮挡住太阳，就可以观测到。多云的天气比较常见；晴朗的天气，常发生于日落时。海滨或湿气重的山谷地区多见。偶尔云隙光会伴随着反云隙光一起发生。

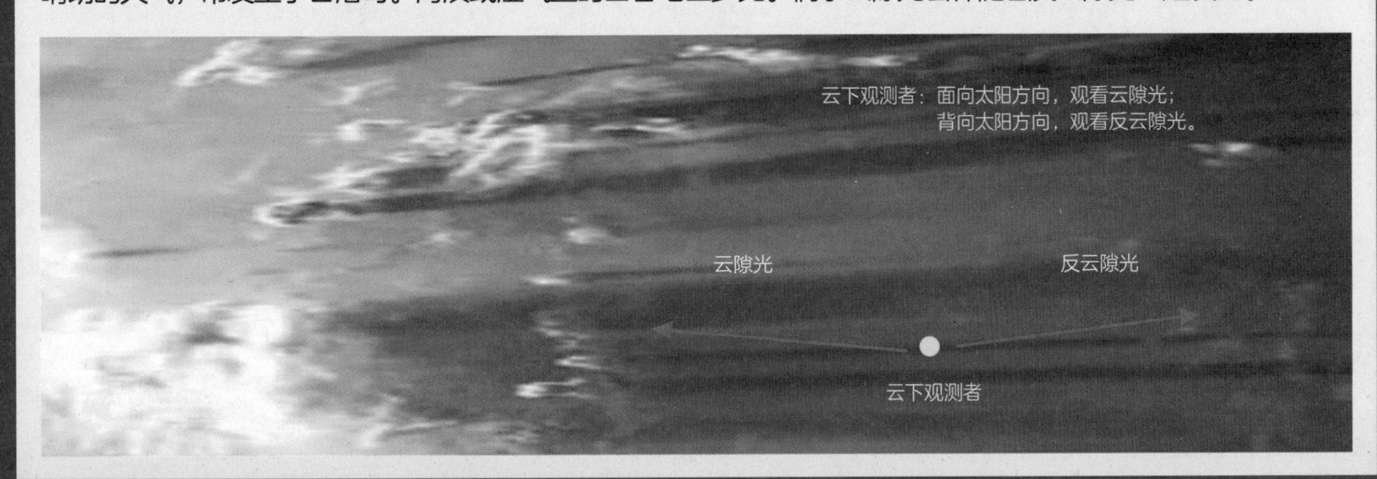

什么是夜光云？

夜光云是深曙暮期间出现于地球高纬度地区高空的一种发光且透明的波状云，位于大气中间层，一般呈淡蓝色或银灰色。

夜光云是如何形成的？

夜光云是云中的冰晶颗粒散射太阳光形成的，形成的条件是低温、水蒸气、尘埃和位置。夜光云只出现在中高纬度地区的夏季。当太阳在地平线以下时，低层大气在地球的阴影内，高层大气的夜光云被日光照射时，才能用肉眼观察到它。

夜光云

什么是极光?

极光是指出现在地球磁纬67°环带上空的一种绚丽多彩的发光现象，多为荧绿色。

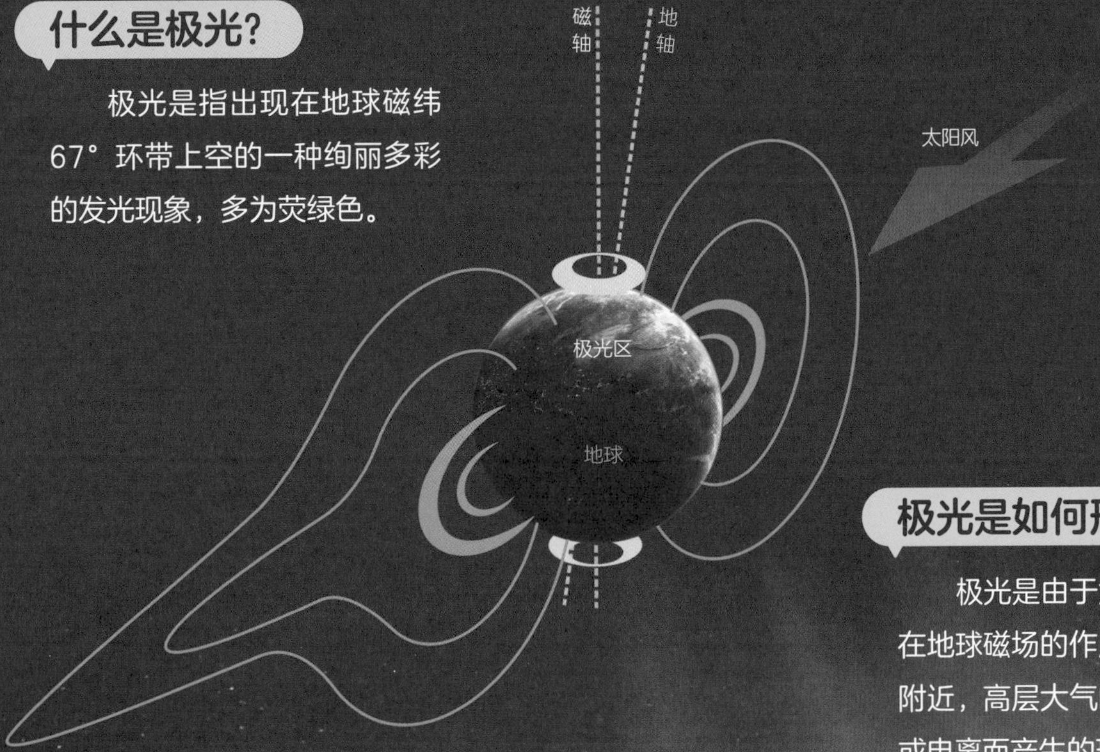

磁轴
地轴
太阳风
极光区
地球

极光是如何形成的?

极光是由于太阳风吹到地球，在地球磁场的作用下折向南北两极附近，高层大气的分子、原子激发或电离而产生的现象。

极光

夜天光是指太阳落入地平线下18°以后的无月晴夜所呈现的暗弱弥漫光辉，光谱由连续光谱和发射线组成，又称夜天辐射。每平方角秒夜天背景的亮度约相当于目视星等21.6等。在地球大气外，夜天背景的亮度比地面观测的亮度大约暗1个星等。

夜天光是如何形成的?

夜天光是由多种光组合而成的，其中：高层大气中光化学过程产生的气辉光，约占40%；行星际物质散射的太阳光形成的黄道光约占15%；近银道面星际物质反射或散射的星光的弥漫银河光，约占5%；恒星光约占25%；河外星系和星系间介质光占不足1%；地球大气散射上述光源的光约占15%。

夜天光

什么是黄道光?

黄道光是指日出前或日落后出现在黄道两边的微弱光芒，呈锥体状，是由黄道面上大量围绕太阳运行的尘埃散射太阳光形成的，或由日冕的延伸部分造成的。低纬度地区四季可见，中纬度地区春分前后见于黄昏后的西方，或秋分前后见于黎明前的东方，高于地平线约30°。

黄道光

什么是对日照?

对日照是指夜空中与太阳相反方向黄道上的很微弱的亮斑。它呈椭圆形，范围约20° X10° ，亮度极大的位置在反日点稍偏西几度的地方。对日照十分暗弱，最佳观测时间是每年3月和9月，其他月份因与银河交叠而难以观测。最佳观测地点为低纬度地区和高山地区。

对日照是如何产生的?

对日照的成因说法众多，诸如黄道光假说、吉尔当-莫尔顿假说、尘尾假说、气尾假说等。虽成因说法不一，但从对日照光谱中没有发射线，而且与太阳光谱很相似，稍微偏红等现象，可确认对日照是尘埃粒子的反向散射所造成的。因此，本书作者提出了全新的“尘埃食或折射聚光假说”，即在地球本影与黄道尘埃粒子相交区内，尘埃反射地球大气折射光形成尘埃食，或聚焦叠加各色折射光而形成对日照。该假说能够解释对日照面积、光谱、光度、形状、位置等现象的成因。

对日照

什么是日食?

日食，又称日蚀，是在地球上看到太阳被部分或全部遮挡的天文现象。日食是由于月球运行到太阳和地球中间，月球遮挡了太阳而形成的。中国古人把日食称为“天狗食日”。

日食有几种?

日食分为日全食、日环食和日偏食三种，还有混合日食和大气食。

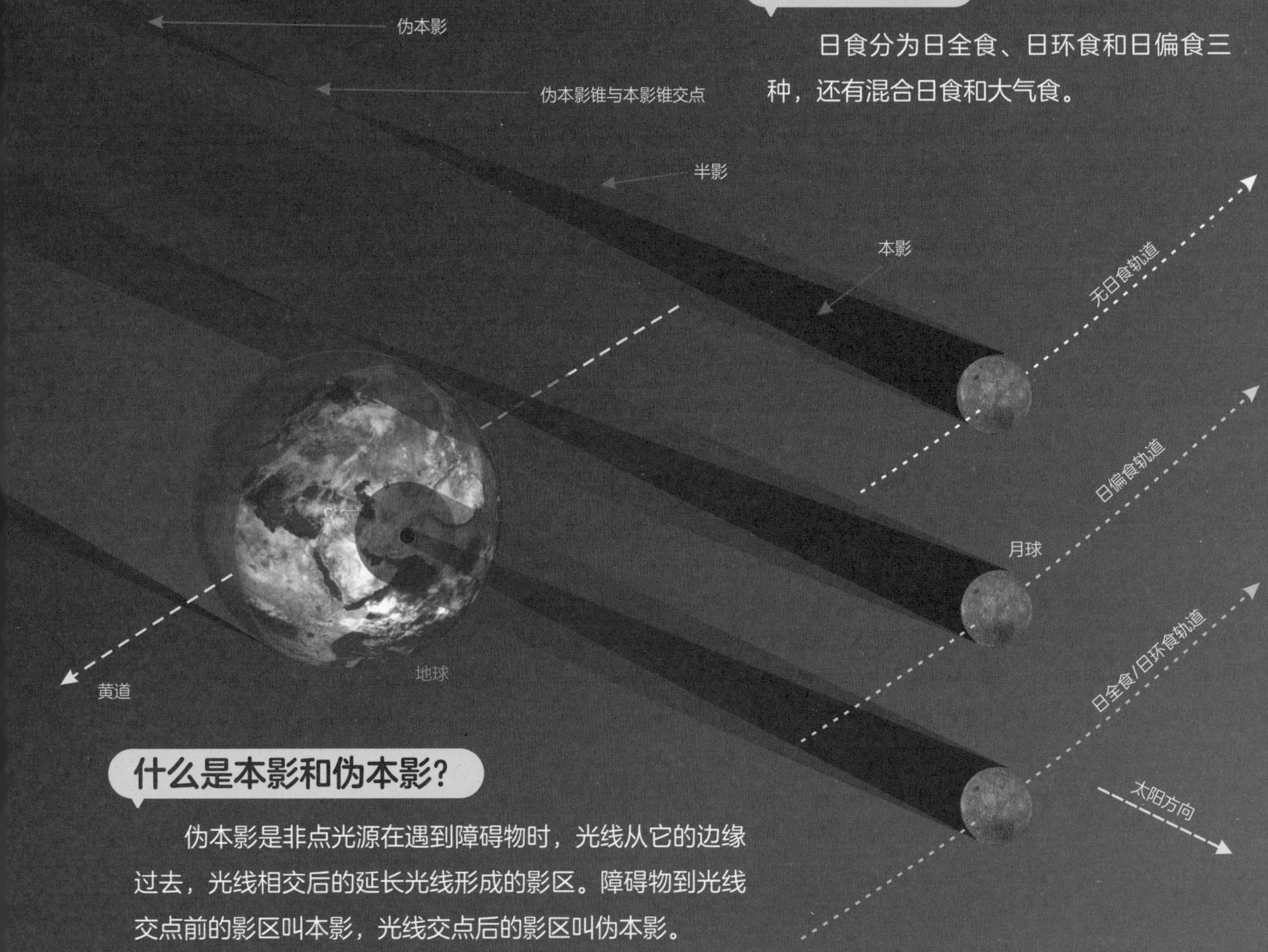

什么是本影和伪本影?

伪本影是非点光源在遇到障碍物时，光线从它的边缘过去，光线相交后的延长光线形成的影区。障碍物到光线交点前的影区叫本影，光线交点后的影区叫伪本影。

什么是日全食?

日全食是指太阳光被月球全部遮住的天文现象。日全食是由于月球本影到达地球形成的。日全食只有在月球本影经过的地带才能看到。日全食期间地球的白天瞬间变成了黑夜。

什么是日环食?

日环食是指太阳的中间被月球遮挡的天文现象。日环食是由于月球的伪本影到达地球形成的。日全食只有在月球伪本影经过的地带才能看到，太阳的中心部分变黑，边圈明亮。

什么是日偏食?

日偏食是指太阳光被月球遮挡了一部分的天文现象。

什么是日食带?

日食带是指发生日食时，月球本影和半影落到地球表面，形成一个半影圆区围绕本影圆区的圆形影子。当月球绕地球转动时，这个圆形影子就在地球表面自西向东扫过一条带，在这个带内可以看见日食，所以称为日食带。日食带分为本影带和半影带。

本影带和半影带

日食带内本影带或伪本影带内能够看见日全食或日环食，半影带内可以看到日偏食。半影圆区直径远远大于本影圆区直径，因此本影带非常狭窄，观赏日全食或日环食的范围非常小；而本影带两边的偏食带相对宽阔，能够看到日偏食的范围相对很大。

日食持续时间

从地球角度说，当日西部地区已经处在月影区域看到日食时，东部地区要等待月影东移后才能看到日食。日食持续时间有长有短，最长可达三四个小时。

从带内观测者角度说，本影区不但范围窄，持续时间也很短，一般全食阶段只有几分钟，最长的是7.5分钟。而半影区的偏食持续时间相对较长。

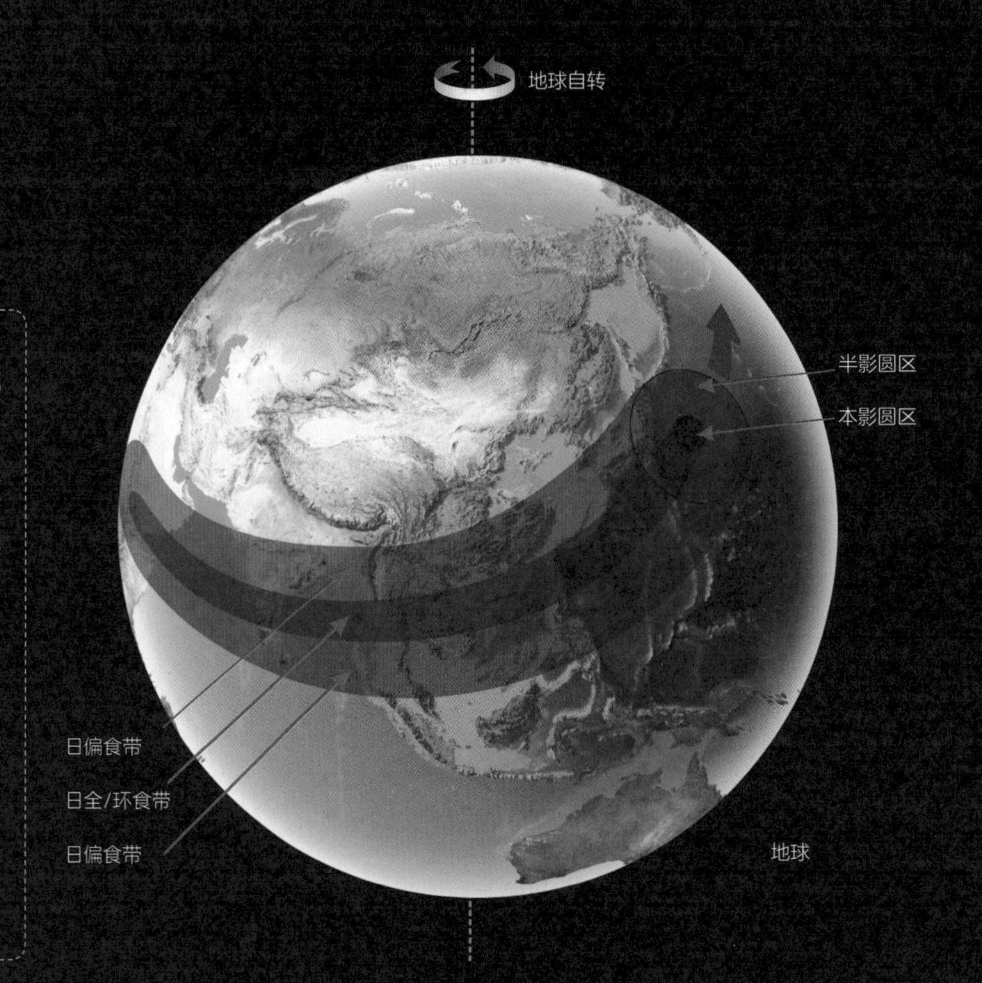

日食食比
日食食比
食甚食相
0%
25%
50%
75%
100%
75%
50%
25%
0%
日全食带或日环食带

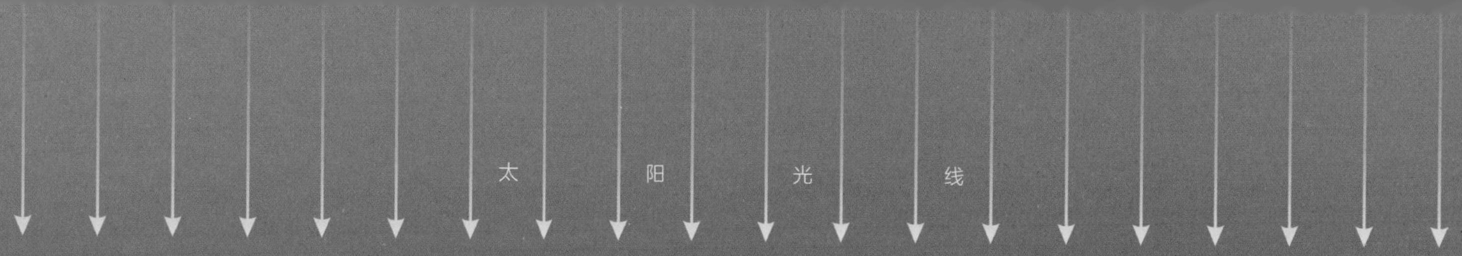

太阳光线

什么是混合日食和大气食？

除了日全食、日环食、日偏食外，还有大气食和混合日食等特殊情况，其原因是本影锥尖长于地球的向日弧面而未达地心。

大气食

月球本影恰好在大气层掠过，没有接触地面，但可以看见阴黑天空的日食现象。

混合日食

混合日食是指同一次日食，日食带上先后看到全食和环食的现象，也叫全环食。

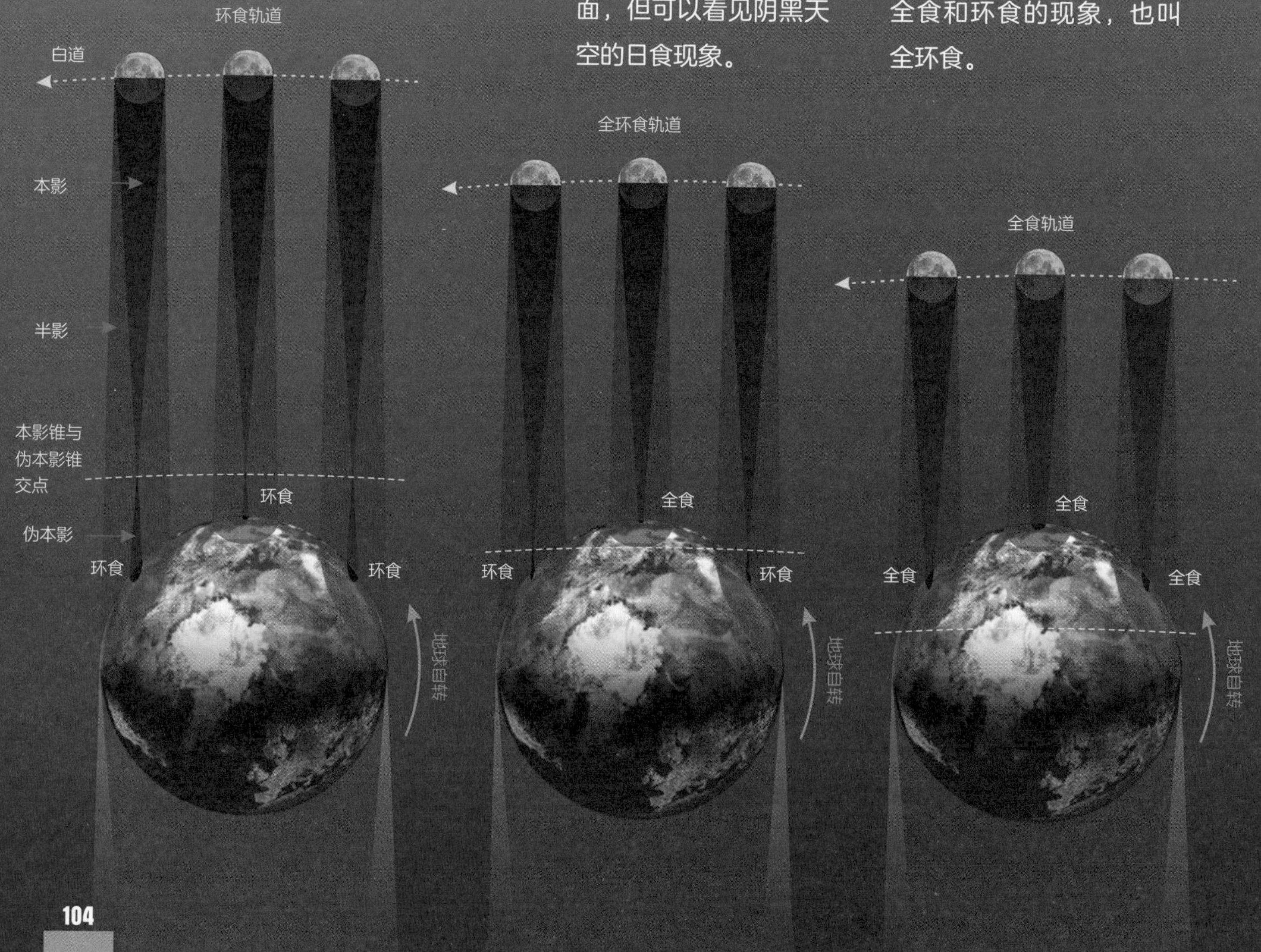

环食轨道
白道
本影
半影
本影锥与伪本影锥交点
伪本影
环食
环食
环食
全环食轨道
全食
环食
环食
全食轨道
全食
全食
全食
地球自转
地球自转
地球自转

太阳和月亮看上去谁大？

太阳和月亮在地球上看上去差不多大，因为太阳的直径约为月球的400倍，太阳到地球的距离恰好也是月球到地球的400倍。但由于月球存在近地点和远地点，地球也存在近日点和远日点，所以太阳和月亮的视大小有微小的变化。因此看上去有时候月球比太阳大点，有时候月球比太阳小点，有时候月球和太阳几乎一样大，从而会形成日全食和日环食现象。

发生日全食，月球大于太阳，把太阳全部遮挡了。

发生日环食，月球小于太阳，只遮挡了太阳中部。

日全食食相

日环食食相

初亏 日食开始的时刻，月面东边缘与日面西边缘外切。

食既 日全食开始时刻，月面东边缘与日面东边缘内切（日环食食既，月面西边缘与日面西边缘内切）。

食甚 日全食最甚时刻，是月面中心与日面中心最近时刻。

生光 日全食结束时刻，月面西边缘与日面西边缘内切（日环食食终，月面东边缘与日面东边缘内切）。

复圆 日食终了的时刻，月面西边缘与日面东边缘外切。

日偏食食相

复圆

日偏食终了的时刻，日面东边缘与月面西边缘外切。

食甚

日偏食最甚的时刻，太阳中心与月球中心最近时刻。

初亏

日偏食开始的时刻，日面西边缘与月面东边缘外切。

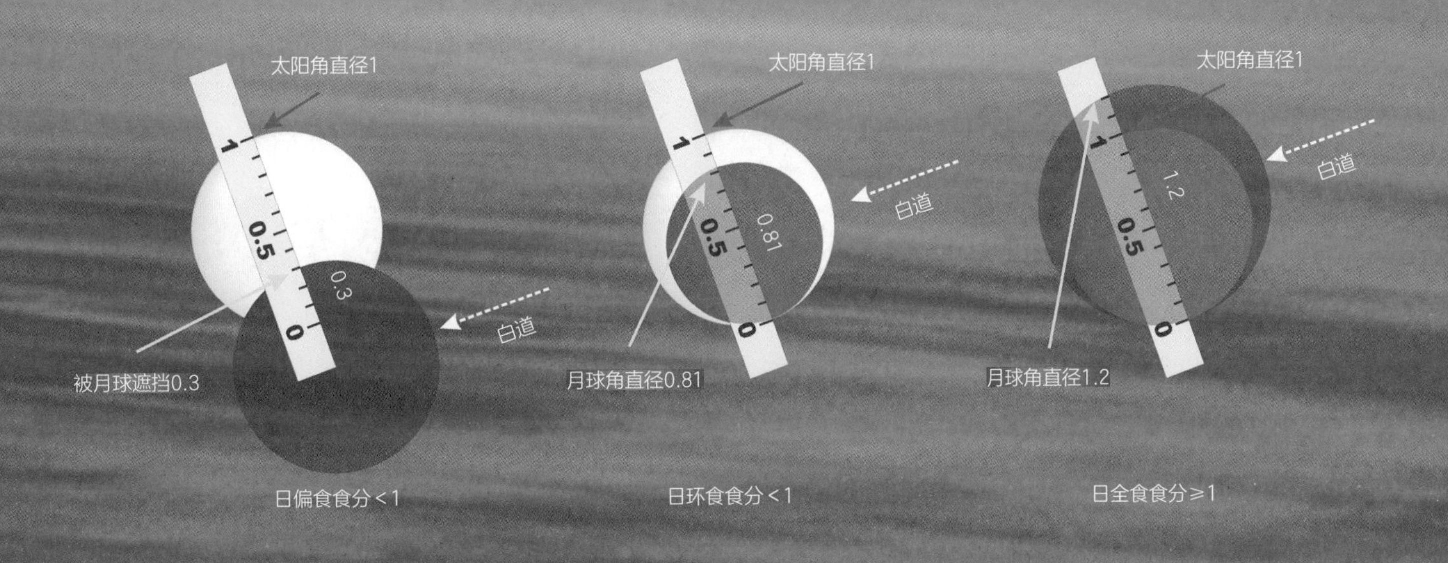

什么是日食食分？

日食食分是指食甚时，日轮被月球遮挡的最大深度与日轮角直径之比，是指太阳被食的直径长短，而不是太阳被遮挡的面积大小。食分越大，日轮被食的程度就越大。日偏食食分小于1，日环食食分小于1，日全食食分大于等于1。

日食和月食的发生有规律吗？

日食和月食是有规律的。

每18年零11天或10天为一个周期，每个周期内平均有71次日月食，其中日食43次，月食28次。

某地区发生日食或月食之后，再过54年零33天，会再次发生类似的日食或月食。

同一地点再发生日全食平均需375年。日食和月食成对出现，日食发生在月食前后2周。

日食和月食的发生次数哪个多？

每年日月食平均有4次，最少有2次，这2次都是日食，没有月食；最多有7次，其中日食5次，月食2次；或日食4次，月食3次。

日食无疑多于月食，但就普通观测者而言，感觉月食多于日食，这是因为日食只有在地球上狭窄的日食带内的少数人能够看到，而月食在整个夜半球上的人都能看到。

日食持续多长时间？

日食持续时间短则几秒，长则十几分钟，其中日全食最长不超过8分钟，而日环食最长有十几分钟。日食过程会有几小时不等。

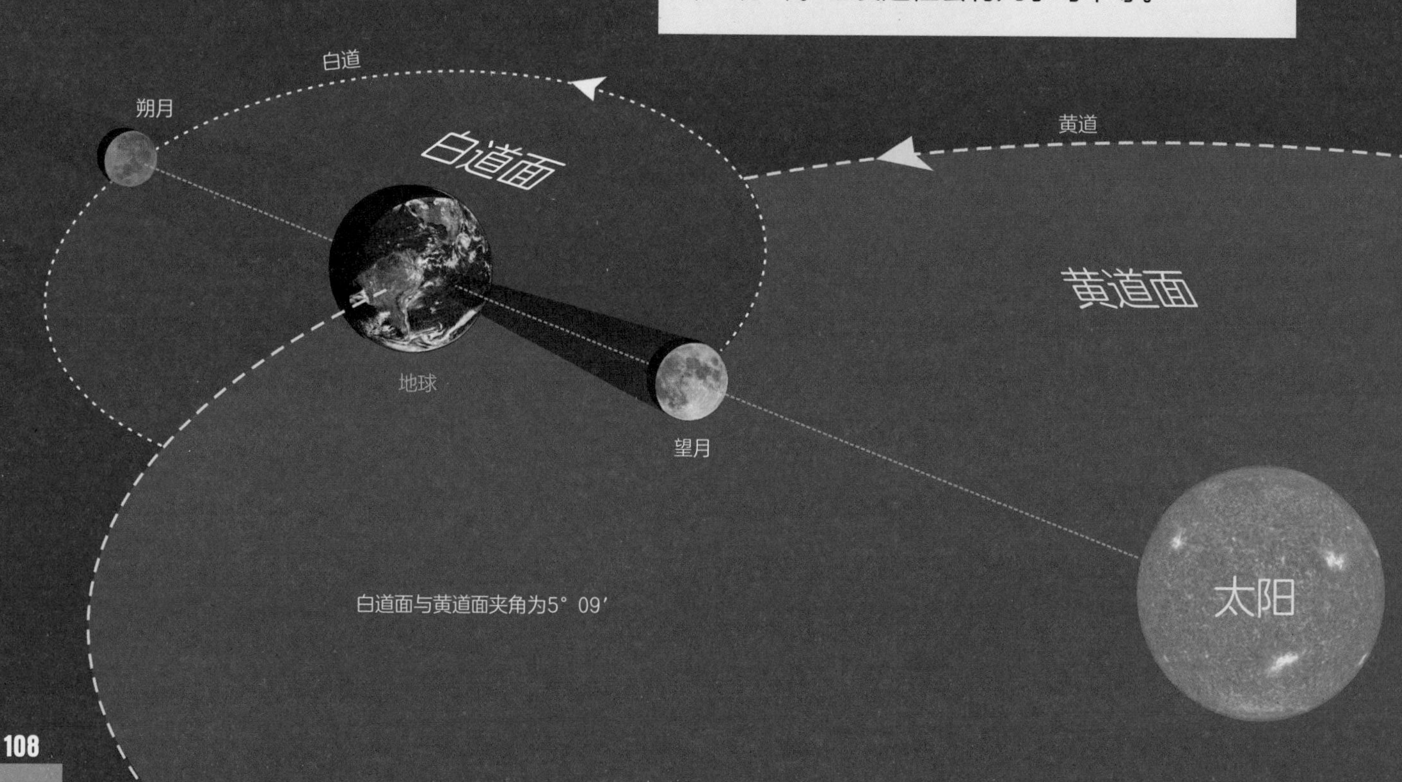

在月球上能看到日食吗?

在月球上能够看到日食，在地球上出现月全食时，站在月球上看到的则是日全食，也就是太阳被地球遮挡了，便发生了日食。

但由于地球大气层散射了太阳光线，散射的光线中红色光的折射小，波长最长，能达到月球表面，因此在地球上看月球多是红月亮，而在月球上看地球则是红色光环包裹的地球。

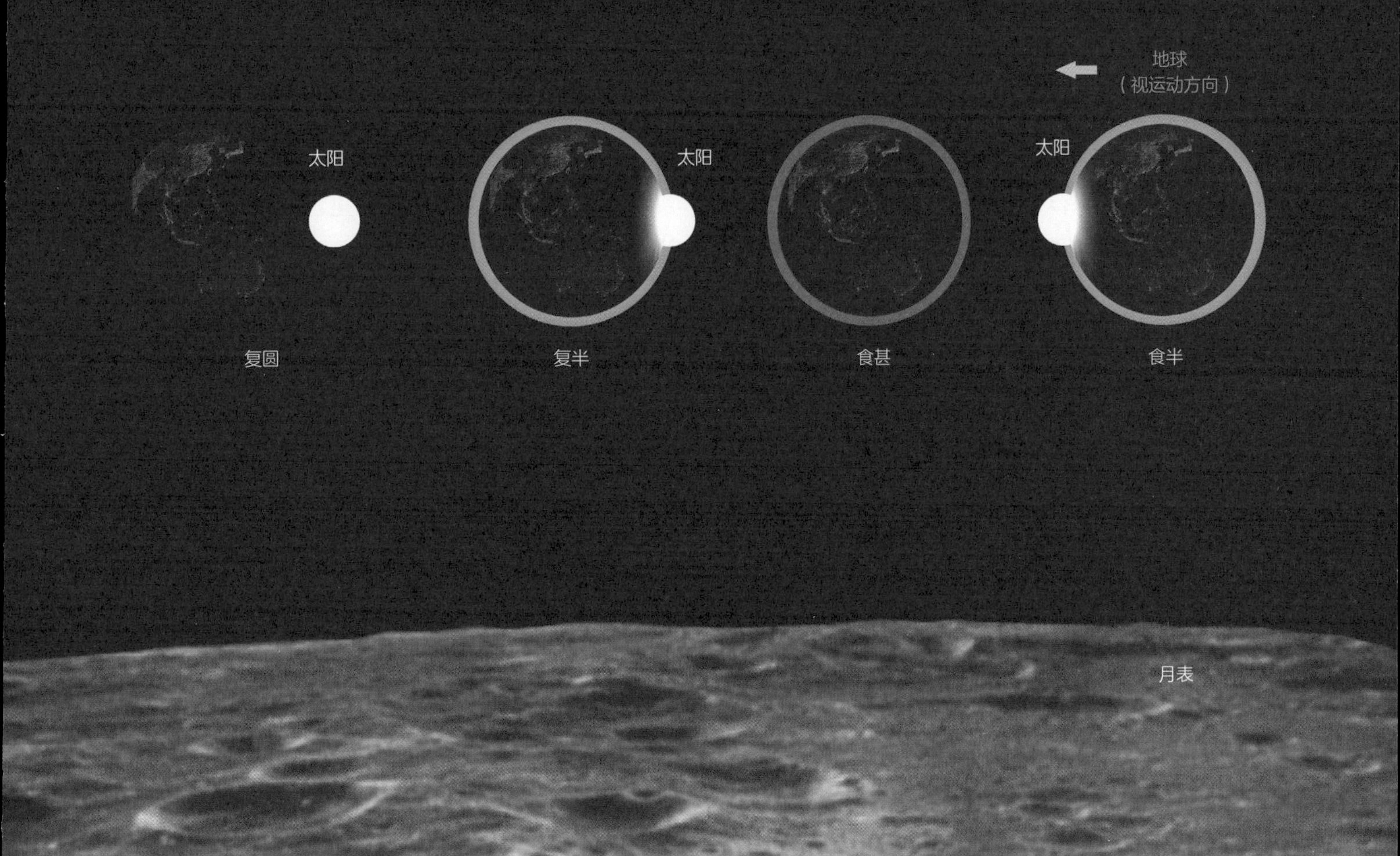

在其他行星上看太阳有多大?

在地球上看太阳，视面直径为30′，大约是伸出去的小手指尖的一半宽，与满月差不多大小。而站在其他七个大行星上看太阳，有大有小。其中小的与星星大小差不多。这是由于八大行星距离太阳远近不同造成的视觉现象。在八大行星上看太阳的视直径分别为：水星1.3°，金星42′，地球30′，火星20′，木星20′，土星3′，天王星1.5′，海王星0.9′。

附录

全天30颗目视亮星排名表

序号	亮星名称	中国名称	目视星等	绝对星等	光谱光度
1	大犬α	天狼	-1.46	1.42	A1V
2	船底α	老人	-0.72	-2.4	FoII
3	平人马α	南门二	-0.27	4.4	G2V
4	牧夫α	大角	-0.04	-0.3	K2III
5	天琴α	织女一	0.03	0.5	AOV
6	御夫α	五车二	0.08	0.1	G8III
7	猎户β	参宿七	0.12	-7.1	B8Ia
8	小犬α	南河三	0.38	2.6	F5IV
9	波江α	水委一	0.46	-1.6	B3Vpe
10	猎户α	参宿四	0.50	-5.6	M1Ia
11	半人马β	马腹一	0.61	-5.1	B1III
12	天鹰α	河鼓二/牛郎	0.77	2.2	A7IV
13	南十字α	十字架二	0.79	-3.8	B0.5IV
14	金牛α	毕宿五	0.85	-0.6	K5III
15	天蝎α	心宿二	0.96	-4.7	MII
16	室女α	角宿一	0.98	-3.5	B1III
17	双子β	北河三	1.14	1.0	KOIIIb
18	南鱼α	北落师门	1.16	2.0	A3V
19	南十字β	十字架三	1.25	-5.0	B0.5III
20	天鹅α	天津四	1.25	-7.5	A2Ia
21	狮子α	轩辕十四	1.35	-0.6	B7V
22	大犬ε	弧矢七	1.50	-4.4	B2II
23	双子α	北河二	1.58	1.1	A1V
24	南十字γ	十字架一	1.63	-0.5	M4III
25	天蝎λ	尾宿八	1.63	-3.0	B2IV
26	猎户γ	参宿五	1.64	-3.6	B2III
27	金牛β	五车五	1.65	-1.6	B7III
28	船底β	南船三	1.68	-0.6	A1III
29	猎户ε	参宿二	1.70	-6.2	BOIa
30	天鹅α	鹤一	1.74	-0.2	B7IV

天体和星座符号表

太阳系主要天体	名称	太阳	月球	水星	金星	地球	火星	木星	土星	天王星	海王星	冥王星
	符号	☉ ☄	☽	☿	♀	⊕ ♁	♂	♃	♄	⛢ ♅ ♅	♆	♇
黄道星宫	名称	摩羯座	宝瓶座	双鱼座	白羊座	金牛座	双子座	巨蟹座	狮子座	室女座	天秤座	天蝎座	人马座
	符号	♑	♒	♓	♈	♉	♊	♋	♌	♍	♎	♏	♐
常见天象	名称	恒星	彗星	新月	满月	上弦	下弦	合	冲	方照	升交点	降交点	春分点
	符号	★ ☆	☄	○	●	◑	◐	☌	☍	□	☊	☋	♈

流星雨表

极盛时间 月	日	流星雨名称	辐射点 赤经	赤纬	流量 ZHR
1月	3日	象限仪座	15^h21^m	+48.5°	80
	10日	后发座	11^h40^m	+25°	8
	16日	巨蟹座δ	08^h24^m	+20°	7
2月	8日	半人马座α	14^h00^m	-59°	10
	26日	狮子座δ	10^h36^m	+19°	24
3月	16日	南冕座	18^h19^m	-42°	8
	26日	室女座	12^h24^m	0°	6
4月	9日	室女座α	13^h16^m	-13°	8
	17日	狮子座σ	13^h00^m	-5°	12
*1	22日	天琴座四月	18^h06^m	+33.6°	12
	23日	船底座π	07^h20^m	-45°	10
	25日	室女座μ	14^h44^m	-5°	7
	28日	牧夫座α	14^h32^m	+ 19°	8
5月	1日	牧夫座φ	16^h00^m	+51°	6
	3日	天蝎座α	16^h00^m	-22°	6
	3日	宝瓶座η	22^h22^m	-1.9°	60
6月	3日	武仙座τ	15^h12^m	+39°	15
	5日	天蝎座χ	16^h28^m	-13°	10
	7日	白羊座白昼	02^h56^m	+23°	50
	7日	英仙座ζ白昼	04^h08^m	+23°	40
*2	8日	天秤座	15^h09^m	-28.3°	10

极盛时间 月	日	流星雨名称
*3	11日	人马座
	13日	蛇夫座θ
*4	16日	天琴座六月
*5	26日	乌鸦座
	28日	天龙座
	28日	牧夫座六月
	29日	金牛座β白昼
7月	9日	飞马座ε
*6	14日	凤凰座七月
	16日	天龙座ο
	22日	摩羯座
	29日	南宝瓶座δ
*7	30日	摩羯座α
8月	5日	南宝瓶座ι
	12日	英仙座
	12日	北宝瓶座δ
	18日	天鹅座κ
9月	1日	御夫座
	20日	北宝瓶座ι
	20日	南双鱼座
	21日	宝瓶座κ
	29日	六分仪座白昼

注：*1 目视观测开始阶段非常微弱；
*2 在1937年出现过；
*3 1958年出现过；
*4 1966年以后才出现；
*5 1937年出现过；
*6 1953—1958年仅雷达观测到；
*7 目视观测，与南宝瓶座δ流星雨无法分辨；
*8 目视观测，这两个流星雨无法分辨；
*9 1885年极盛时流量13 000颗/小时；
*10 仅1965年出现过。

	辐射点		流量
	赤经	赤纬	ZHR
	20^h16^m	−35°	30
	17^h48^m	−28°	2
	18^h32^m	+35°	9
	12^h48^m	−19. 1°	13
	16^h55^m	+56°	5
	14^h36^m	+49°	6
	05^h44^m	+19°	25
	22^h40^m	+15°	8
	02^h05^m	−47. 9°	30
	18^h04^m	+59°	3
	20^h52^m	−23°	4
	22^h12^m	−16. 5°	30
	20^h28^m	−10°	30
	22^h13^m	−14. 7°	15
	03^h05^m	+57. 4°	95
	22^h36^m	−5°	20
	19^h04^m	+59°	5
	05^h39^m	−42°	30
	21^h48^m	−6°	15
	00^h24^m	0°	10
	22^h32^m	−5°	5
	10^h08^m	0°	30

极盛时间		流星雨	辐射点		流量
月	日	名称	赤经	赤纬	ZHR
10日	3日	仙女座周年	00^h20^m	+8°	13
	3日	仙女座周年	01^h20^m	+34°	10
	9日	天龙座十月	17^h28^m	+54.1°	2
	12日	北双鱼座	01^h44^m	+ 14°	6
	19日	双子座 ε	06^h56^m	+27°	5
	21日	猎户座	06^h18^m	+15. 8°	30
	24日	小狮座	10^h48^m	+37°	3
11月	3日	南金牛座	03^h22^m	+ 13. 6°	7
	12日	飞马座	22^h20^m	+21°	5
*8	13日	北金牛座	03^h53^m	+22.3°	7
	17日	狮子座	10^h09^m	+22. 2°	15
*9	27日	仙女座	01^h40^m	+44°	—
12月	5日	凤凰座十二月	01^h00^m	− 55°	100
*10	5日	凤凰座十二月	01^h00^m	−45°	100
	10日	麒麟座	06^h39^m	+ 14°	3
	10日	南猎户座 χ	05^h40^m	+ 16°	8
	11日	北猎户座 χ	05^h36^m	+26°	4
	11日	长蛇座 σ	08^h26^m	+ 1.6°	5
	11日	白羊座 δ	03^h28^m	+22°	5
	14日	双子座	07^h29^m	+32.5°	90
	22日	小熊座	14^h28^m	+75.85°	20

2018—2100年月食时间表（黄色字为月偏食）

月全食时间	月全食时间	月全食时间	月全食时间	月全食时间	月全食时间	月全食时间
2018年1月31日	2029年6月26日	2041年5月16日	2052年10月8日	2064年7月28日	2076年12月10日	2088年5月5日
2018年7月27日	2029年12月20日	2041年11月8日	2054年2月22日	2065年1月22日	2077年6月6日	2088年10月30日
2019年1月21日	2030年6月15日	2042年9月28日	2054年8月18日	2065年7月17日	2077年11月29日	2090年3月15日
2019年7月16日	2032年4月25日	2043年 3月25日	2055年 2月11日	2066年1月11日	2079年4月16日	2090年 9月8日
2021年5月26日	2032年10月18日	2043年 9月19日	2055年8月7日	2067年7月7日	2079年10月10日	2091年3月5日
2021年11月19日	2033年4月14日	2044年3月13日	2057年6月17日	2068年5月17日	2080年4月4日	2091年8月29日
2022年5月16日	2033年10月8日	2044年9月7日	2057年12月11日	2068年11月日	2080年9月29日	2093年7月8日
2022年11月08日	2034年9月28日	2046年1月22日	2058年6月6日	2069年5月6日	2081年3月25日	2094年1月1日
2023年10月28日	2035年8月19日	2046年7月18日	2058年11月30日	2069年10月30日	2082年2月13日	2094年6月28日
2024年9月18日	2036年2月11日	2047年1月12日	2059年 5月27日	2070年10月19日	2083年2月2日	2094年12月21日
2025年3月14日	2036年8月7日	2047年7月7日	2059年11月19日	2072年3月4日	2083年7月29日	2095年6月17日
2025年9月7日	2037年1月31日	2048年1月1日	2061年4月4日	2072年8月28日	2084年1月22日	2095年12月11日
2026年3月3日	2037年7月27日	2048年6月26日	2061年9月29日	2073年2月22日	2084年7月17日	2097年4月26日
2026年8月28日	2039年6月6日	2050年5月6日	2062年 3月25日	2073年8月17日	2086年5月28日	2097年10月21日
2028年1月12日	2039年11月30日	2050年10月30日	2062年9月18日	2075年6月28日	2086年11月20日	2098年4月15日
2028年7月6日	2040年5月26日	2051年4月26日	2063年3月14日	2075年12月22日	2087年5月17日	2098年10月10日
2028年12月31日	2040年11月18日	2051年10月19日	2064年2月2日	2076年6月17日	2087年11月10日	2099年4月5日

2016—2100年中国可见日食时间表

日食发生时间	类型	日食发生时间	类型	日食发生时间	类型	日食发生时间	类型	日食发生时间	类型
2016年3月9日	全食	2032年11月3日	偏食	2053年 3月20日	环食	2066年6月22日	环食	2085年6月22日	环食
2018年8月11日	偏食	2034年3月20日	全食	2053年9月12日	全食	2069年 4月21日	偏食	2086年12月6日	偏食
2019年1月6日	偏食	2035年9月2日	全食	2054年 9月2日	偏食	2070年 4月11日	全食	2088年 4月21日	全食
2019年12月26日	环食	2037年1月16日	偏食	2057年7月1日	环食	2072年 9月12日	全食	2089年10月4日	全食
2020年6月21日	环食	2041年10月25日	环食	2058年11月16日	偏食	2073年2月7日	偏食	2093年 1月27日	全食
2021年6月10日	环食	2042年4月20日	全食	2059年11月5日	环食	2074年1月27日	环食	2094年12月7日	偏食
2022年10月25日	偏食	2042年10月14日	环食	2060年4月30日	全食	2074年7月24日	环食	2095年11月27日	环食
2023年4月20日	全环	2044年2月28日	环食	2061年 4月20日	全食	2075年 7月13日	环食	2096年 5月22日	全食
2027年8月2日	全食	2047年1月26日	偏食	2062年9月3日	偏食	2079年 5月1日	全食	2096年11月15日	环食
2028年7月22日	全食	2048年6月11日	环食	2063年2月28日	环食	2081年 9月3日	全食		
2030年6月1日	环食	2049年11月25日	全环	2063年 8月24日	全食	2082年8月24日	全食		
2031年5月21日	环食	2051年 4月11日	偏食	2064年2月17日	环食	2084年 7月3日	环食		